W0268491

Martin Brogli

Steigerung der Performance von Informatikprozessen

Wirtschaftsinformatik / Business Computing

DV-gestützte Produktionsplanung
von Stefan Oeters und Oliver Woitke

Informationssysteme der Produktion
von Birgid S. Kränzle

Datenbank-Engineering für Wirtschaftsinformatiker
von Anton Hald und Wolf Nevermann

Steigerung der Performance von Informatikprozessen
von Martin Brogli

Management von DV-Projekten
von Wolfram Brümmer

Handbuch Interorganisationssysteme
Anwendungen für die Waren- und Finanzlogistik
von Rainer Alt und Ivo Cathomen

Praxis des Workflow-Managements
von Hubert Österle und Petra Vogler (Hrsg.)

Geschäftsprozeßoptimierung mit SAP-R/3
von Paul Wenzel (Hrsg.)

Betriebswirtschaftliche Anwendungen des integrierten Systems SAP-R/3
von Paul Wenzel (Hrsg.)

Unternehmenserfolg mit EDI
von Markus Deutsch

Groupware und neues Management
von Michael P. Wagner

Vieweg

Martin Brogli

Steigerung der Performance von Informatikprozessen

Führungsgrößen, Leistungsmessung und Effizienz im IT-Bereich

Unter Mitarbeit von Serge Biolley, Leo Brecht, Richard Heinzer, Per-Anders Martensson, Hubert Österle und Kurt Pfammatter

Gedruckt auf säurefreiem Papier

ISBN 978-3-322-91574-0   ISBN 978-3-322-91573-3 (eBook)
DOI 10.1007/978-3-322-91573-3

Vorwort

Wie leistungsfähig ist unsere Abteilung Organisation/IT? Dies ist in vielen Unternehmen eine immer wiederkehrende Frage. Strategische Planung, Reorganisation, Zerlegung und Verteilung zu den dezentralen Geschäftseinheiten und letztlich Outsourcing sowie neuerdings auch Insourcing sind Versuche, die Effektivität und Effizienz der Informatik zu erhöhen. Kaum ein betrieblicher Bereich ist in den letzten Jahren so oft reorganisiert worden wie die Organisation/IT.

Die Wirtschaft ist auf dem Weg von der Industrie- zur Informationsgesellschaft. Die Organisation/IT spielt dabei eine Schlüsselrolle, nämlich die des Business und Systems Engineers. Globalisierung, kundenorientierte Reorganisation, Business Networking, Know-how-Management und Prozessorientierung sind nur Beispiele für den Umbau der Wirtschaft. Die Leistungsfähigkeit der Abteilung Organisation/IT bestimmt in all diesen Themen wesentlich über den künftigen Unternehmenserfolg.

Vor diesem Hintergrund sind zwei zentrale Fragen an die Verantwortlichen für Organisation/IT zu stellen: Welchen Nutzen bringen die Leistungen der Organisation/IT ihren Kunden? Welcher Aufwand ist für diese Leistungen notwendig?

Die Schweizerische Vereinigung für Datenverarbeitung (SVD) und das Institut für Wirtschaftsinformatik der Universität St. Gallen (IWI-HSG) haben diese Fragestellung vor drei Jahren aufgegriffen und in einer Arbeitsgruppe aus mehreren Unternehmen und der Universität behandelt. Diese setzte sich das Ziel, Masse für Effizienz und Effektivität zu schaffen, also "Führungsgrössen der Informatik". Sie analysierte vielfältige Ansätze zur Führung der Abteilung Organisation/IT, formulierte ausgehend von den Leistungen die Kernprozesse der Informatik und entwickelte einen Katalog von Führungsgrössen und Checkfragen für das Management der IT.

Die Autoren sind sich bewusst, dass die Situation der Org./IT-Abteilungen in den einzelnen Unternehmen ebenso vielfältig und unterschiedlich ist wie die ganze Bandbreite der Wirtschaft und der öffentlichen Verwaltung. Ein Buch über Führungsgrössen im IT-Bereich kann niemals eine massgeschneiderte Lösung für alle Fälle enthalten, die ohne Adaption an die konkreten Bedürfnisse anwendbar ist. Je nach den Verhältnissen ist die Bedeutung der einzelnen

Führungsgrössen und Checkfragen ganz unterschiedlich. Zudem müssen in vielen Fällen auch Änderungen und Verfeinerungen an der Definition der Führungsgrössen und Checkfragen gemacht werden.

Es ist den Autoren auch klar, dass das Erheben der Führungsgrössen und Checkfragen die Performance von Informatikprozessen noch nicht erhöht. Eine Führungsgrösse ist nur dann sinnvoll, wenn der Zustand aufgrund der Erkenntnisse entweder bewusst so belassen oder bewusst verändert wird.

Das Buch soll eine konkrete Hilfe in der Praxis bringen. Ein Anwendungsbeispiel könnte sein, dass der Org./IT-Verantwortliche das Buch einem fähigen Mitarbeiter in die Hand drückt mit dem Auftrag: "Erstellen Sie, basierend auf diesem Buch, ein Führungsgrössensystem für den IT-Bereich unserer Firma!" Verglichen mit einem Vorgehen ohne eine solche Starthilfe kann dieses Buch die Durchlaufzeit des Auftrages um Monate verkürzen, womit bereits eine erste Steigerung der Performance innerhalb eines Informatikprozesses erreicht ist.

Die Autoren danken dem Vorstand der SVD sowie dem IWI-HSG für die vielfältige Unterstützung während des gesamten Projektes. Herzlich gedankt sei auch Stefan Oesch für die grafische Gestaltung der Ergebnisse.

St. Gallen, im März 1996   Die Autoren

Inhaltsverzeichnis

Abbildungsverzeichnis

Abkürzungsverzeichnis

Appl.	Applikation
Avg.	Average (Durchschnitt)
BFuP	Betriebswirtschaftliche Forschung und Praxis
BPR	Business Process Redesign
C/S	Client/Server
CASE	Computer Aided Software Engineering
CBT	Computer-Based Training
CC PRO	Kompetenzzentrum "Prozessentwicklung"
CF	Checkfragen
CIO	Chief Information Officer
CMM	Capability Maturity Model
CTO	Chief Technology Officer
DASD	Direct Access Storage Device
DB	Datenbank
DLZ	Durchlaufzeit
EIU	Economist Intelligence Unit
ERZ	Elektronisches Rechenzentrum
FB	Fachbereich
FdI	Führungsgrössen der Informatik
FG	Führungsgrössen
FP	Function Point
FuE	Forschung und Entwicklung
GfAI	Gruppe für Angewandte Informatik
GL	Generation Language
GPO	Geschäftsprozessoptimierung
HSG	Universität St. Gallen - Hochschule für Wirtschafts-, Rechts- und Sozialwissenschaften
IEF	Information Engineering Workbench
I/O	Input/Output
IS	Informationssystem

ISDN	Integrated Services Digital Network
ISi	Informationssicherheit
ISO	International Organization for Standardization
IT	Informationstechnologie
IWI-HSG	Institut für Wirtschaftsinformatik der Universität St. Gallen
KEF	Kritische Erfolgsfaktoren
LAN	Local Area Network
MA	Mitarbeiter
MB	Megabyte
Mgmt.	Management
MIPS	Million Instructions per Second
MTBC	Mean Time between Changes
N/M-Matrix	Nutzen- und Machbarkeitsmatrix
NZZ	Neue Zürcher Zeitung
OE	Organisationseinheit
Org.	Organisation
Org./IT	Organisation/Informationstechnologie
Pers.	Personal
PMS	Performance Measurement System
R&D	Research and Development (Forschung und Entwicklung)
ROI	Return on Investment
RZ	Rechenzentrum
SVD	Schweizerische Vereinigung für Datenverarbeitung
SW	Software
TN	Teilnehmer
TQM	Total Quality Management
UK	Untersuchungskommission
WFMS	Workflow Management System
WS	Workstation

Einleitung

Org./IT

Das vorliegende Buch ist ein Führungsinstrument für die informationsverarbeitende Abteilung eines Unternehmens. Sie ist weitgehend bekannt als Abteilung für Organisation und Informationstechnologie, im folgenden Org./IT-Abteilung genannt. Es bietet dem Verantwortlichen konkrete Unterstützung bei der Führung seiner Abteilung.

Einige Begriffe müssen an dieser Stelle definiert bzw. eingeführt werden, damit ein einheitliches Verständnis für die Gegenstände dieses Buches aufgebaut werden kann.

Definition
Org./IT

Die Org./IT-Abteilung bildet den strukturellen Gegenstandsbereich dieses Buches. Sie umfasst eine oder mehrere organisatorischen Einheiten eines Unternehmens, welche für die computergestützte Verarbeitung von Information und die Erkennung von deren Potential verantwortlich sind. Den Vorgesetzten dieser Abteilung nennen wir den Org./IT-Leiter. Als Kunden (oder Abnehmer) der Org./IT-Leistungen bezeichnen wir die Fachbereiche.

Informatik-
prozesse

Im Rahmen dieses Buches wird eine Prozessicht auf die Org./IT-Abteilung gelegt. Die Prozesse überspannen verschiedene Bereiche innerhalb der Org./IT und überschreiten dabei die Abteilungsgrenzen zwischen den Fachbereichen. Der Begriff "Informatik" bezieht sich auf die prozessorientierten Abläufe. Er beschreibt, wie die Abläufe organisiert sind. Die Prozesse, die aus dieser Sicht entstehen, nennen wir Informatikprozesse. Das Buch nimmt die Informatikprozesse als Ausgangslage für die Entwicklung eines Systems für die Beurteilung der Leistungsfähigkeit (Performance) der Org./IT-Abteilung.

1.1 Problemstellung anhand einiger Beispiele

Den folgenden Fällen liegen reale Sachverhalte aus der Praxis zugrunde. Sie sollen die Notwendigkeit eines Informatikführungssystems ("Performance Measurement System" (PMS)) für die Org./IT-Abteilung und mögliche Konsequenzen beim Fehlen desselben dokumentieren.

Fall 1:
Versicherung

Die Org./IT-Abteilung einer Versicherung hat 1989 unter der Federführung ihres Chief Information Officer (CIO) die Neuentwicklung der Lebensversicherungsapplikation aufgenommen. Vier Jahre später und nach Aufwendungen von rund 10 Mio. Schweizer

Franken (SFr.) musste der in der Zwischenzeit beförderte CIO das Projekt aufgrund mangelnder Benutzerbeteiligung abbrechen.

Fall 2: Stadt Zürich

Die Stadtverwaltung von Zürich hat 1991 eine Untersuchungskommission (UK) eingesetzt, um die Vorwürfe hinsichtlich Missmanagement bei der Anschaffung einer neuen Computergeneration zu untersuchen. Nach zweijähriger Untersuchungstätigkeit hat die UK mit Hilfe diverser Experten unter anderem folgende Mängel im Management der städtischen EDV festgestellt: schwache Projektplanung und Kostenkontrolle, fehlende Kostentransparenz sowie gravierende Führungsprobleme. Konsequenzen dieser Mängel waren Kostenüberschreitungen von mehr als SFr. 40 Mio. [siehe UK, V1ff.].

Als Beitrag zur Lösung gewisser fachlicher und personeller Probleme hat die UK mehrere Verbesserungsvorschläge eingebracht: die Entbindung des Org./IT-Leiters von seinen Pflichten, die Zulassung von Anbieterkonkurrenz für die internen Leistungen, eine Verbesserung von Projektmanagement, Controlling und Verrechnung sowie die Erarbeitung von Massnahmen zur Senkung der Kosten und Steigerung der Effektivität und Effizienz [siehe NZZ, UK, V20 und VI1].

Fall 3: Cargo Domizil

Anfang 1995 haben die Schweizerischen Bundesbahnen (SBB) das Geschäftsfeld "Stückgutverkehr" teilprivatisiert und dazu die neue Firma "Cargo Domizil" gegründet. Ihre Aufgabe besteht im Transport von Paketen innerhalb der Schweiz. Im Frühjahr 1995 stapelten sich die Sendungen in den Regionalzentren und wurden nicht verteilt. Oft wurden den Kunden falsche Sendungen ausgeliefert, und die Rechnungstellung war bis zu sechs Wochen im Rückstand. Ende März 1995 wurden zwei Korrekturmassnahmen eingeleitet: Der Chef der Cargo Domizil wurde entlassen und 200 Hilfskräfte kurzfristig eingesetzt, um die dringendsten Probleme zu lösen. Die Schadensumme beläuft sich auf einige Mio. SFr.. Die Schuld trägt z. T. auch das neu eingeführte Informationssystem, welches die betrieblichen Abläufe der Cargo Domizil nur ungenügend unterstützt [siehe Tages Anzeiger].

Fall 4: American Airlines

Anfangs 1994 musste die amerikanische Justiz über den Fall von American Airlines gegen Budget Rent-A-Car, Marriott Corp. und Hilton Hotels urteilen. Im Streitfall ging es um den Zusammenbruch des Projektes "Confirm car rental and hotel reservation system", ein System, das gemeinsam von den oben erwähnten Parteien entwickelt werden sollte. Bis zum Gerichtsentscheid wurden 165 Mio. USD in dieses Projekt investiert, welches in einem Projektabbruch endete. "Some major causes of the Confirm failure were an incomplete statement of requirements, lack of user involvement and constant changes in requirements and specifications" [Johnson, S. 4].

Fall 5: Chief Information Officer	Im Rahmen einer Untersuchung der London Business School und Egon Zehnder International wurden 20 CIOs befragt. Die Arbeit basiert auf 10 "erfolgreichen" (d. h. die ihre Tätigkeit als CIO immer noch ausführen) und 10 "nicht-erfolgreichen" (d. h. die ihre Tätigkeit nicht mehr ausführen). Details zu dieser Studie finden sich bei [Earl/Vivian, S. 6]. Ziel der Studie war die Definition der wichtigsten "Erfolgsfaktoren" für den Org./IT-Verantwortlichen. Dabei wurden 5 Faktoren aufgedeckt: "Building relationships", "CEO relationship", "Creating IT vision", "Sensitivity" sowie "Credibility". "Credibility" ist in zweifacher Hinsicht zu verstehen, einerseits als zuverlässige Informatik-Leistungserstellung und andererseits als Vermittlung der Performance der Org./IT-Abteilung an Aussenstehende. Hierfür sind verschiedene Hilfsmittel in Einsatz: "daily operations reports", "regular performance bulletins" und "meaningful operational and cost measures for IT performance" [vgl. Earl/Vivian]. Aus diesem Beispiel lässt sich leicht erkennen, wie wichtig neben der Leistungserstellung die Darstellung der Performance gegenüber anderen ist.
Fall 6: Economist Intelligence Unit (EIU) Umfrage	Die EIU hat im Jahr 1993 eine umfangreiche Befragung bei 102 amerikanischen und europäischen Unternehmen zum Thema "Performance Evaluation" durchgeführt. Bei der Frage nach der Wichtigkeit von verschiedenen Performance Measurements für die Zukunft wurden folgende Grössen am häufigsten erwähnt: "Business Health", "Customer Satisfaction" sowie "Business Processes" [EIU, S. 19ff.]. Einige Firmen, z. B. EDS oder Smith Klein Beecham, verwenden Prozesse als Grundlage ihrer Performance Measurement Systeme. So erfahren sie, wie effizient und effektiv die Prozesse sind und ob sie sich verbessern [EIU, S. 25].

1.2   Probleme

Aus den in Kap. 1.1 dargestellten Fällen können folgende Probleme der Informatik abgeleitet werden:

Fehlende Kunden-orientierung	Kundenorientierung wird verstanden als Mass der Ausrichtung der eigenen Tätigkeiten auf die Wertschöpfung des Kunden [in Anlehnung an Mende, S. 11]. Wir unterscheiden drei Gestaltungsbereiche der Kundenorientierung: die getauschten Güter oder Dienstleistungen (Leistungen), die Herstellungsverfahren (Prozesse) sowie die Schnittstelle zwischen Kunde und Leistungserbringer. Im Fall "Cargo Domizil" waren die Leistungen ungenügend spezifiziert. In den Fällen der Versicherung und American Airlines waren zwar die Leistungen klar, der Weg dorthin von den zukünftigen Kunden und Leistungserstellern jedoch unterschiedlich beurteilt worden. Fall 6 macht deutlich, wie Firmen (z. B. EDS) durch die Ausrichtung ihrer Produkte und Prozesse auf die Bedürfnisse der Kunden sehr erfolgreich sein können.

Die Ausrichtung der Informatik-Produkte und Tätigkeiten auf die Bedürfnisse der Kunden muss verstärkt werden.

Fehlen von Entscheidungs- grundlagen

Die Org./IT-Verantwortlichen benötigen Instrumente, die quantifizierte Aussagen über den Zustand ihrer Abteilung bereitstellen. Diese zahlenmässigen Aussagen dienen als Entscheidungsgrundlage für das Führen der Org./IT-Abteilung. Es existieren heute verschiedene Instrumente für die Ableitung von quantifizierten Aussagen. Oft sind diese Aussagen auf technische Aspekte (z. B. Datendurch- satz/Sekunde) ausgerichtet. Solche Aussagen können den Zustand einer Org./IT-Abteilung nur schlecht wiedergeben, weil sie nicht den Verantwortlichen und dessen Anforderungen berücksichtigen, sondern einzelne technische Gegebenheiten beleuchten.

Im Fall der Probleme der Stadt Zürich waren keine adressatengerechte Instrumente vorhanden. Der Fall zeigt auf, welche Folgen das Fehlen von Instrumenten haben kann und welche Konsequenzen eintreten können. Quantifizierte Aussagen, welche die Performance der Org./IT-Abteilung oder einzelner Informatikprozesse nur unzureichend wie- dergeben, sind qualitativ schlecht oder nicht adressatengerecht [EIU, S. 9].

Erhöhter Recht- fertigungs- druck

Verantwortung und Stellenwert des sowie Druck auf den Org./IT-Verantwortlichen haben in den letzten Jahren stark zugenommen. Der Druck stammt aus unternehmensinternen und -externen Kreisen. Nach Jahren des ungebremsten Wachstums im Org./IT-Budget fragen Fachbereichsleiter nach dem Wert und der Effektivität der Informatikprozesse [Earl/Vivian, S. 7ff.]. Die Org./IT-Verantwortlichen müssen ihre Performance intern, d. h. in Grössen, die von Laien verstanden werden, rechtfertigen. Der Outsourcing-Markt bietet eine Alternative zur hausinternen Datenverarbeitung [siehe z. B. Senn, S. 5f.]. Vergleiche zwischen einer internen sowie einen outgesourcten Abteilung können den Druck erhöhen. Der Fall der erfolgreichen und nicht-erfolgreichen CIOs verdeutlicht dieses Problem.

Verschiedene Faktoren zwingen die Org./IT-Verantwortlichen, die Per- formance derer Abteilungen zu rechtfertigen.

Fehlen eines strukturierten, anerkannten Beurteilungs- systems

Performance Measurement Systeme müssen klar strukturiert sein, um akzeptiert und an die spezifischen Eigenheiten angepasst werden zu können. Haufs schreibt: "Wichtig ist ... eine Abstimmung des vorlie- genden Systems auf unternehmungsindividuelle Gegebenheiten durch Hinzufügungen und Streichungen, um das Wesentliche kon- zentriert abzubilden" [Haufs, S. 122]. Im Falle der Stadt Zürich fehlte ein Beurteilungssystem gänzlich.

Das Fehlen eines strukturierten Beurteilungssystems erschwert die individuelle Akzeptanz und Anpassung.

Die in Kap. 1.1 vorgestellten Probleme hätten durch ein prozess- und zahlenorientiertes Führungsinstrument nicht vermieden werden können. Nach Ansicht der Autoren wären die Probleme jedoch früher ans Tageslicht getreten und hätten geringeren finanziellen Schaden und Beeinträchtigung des Images zur Folge gehabt.

1.3   Anforderungen an ein Führungsinstrument

Das Führungsinstrument soll zeigen, wie die skizzierten Probleme zu lösen sind. Die SVD-Arbeitsgruppe (siehe Kap. 1.5) hat folgende Anforderungen an ein Instrument zur Führung der Org./IT-Abteilung und der Prozesse aufgestellt:

Prozessorientierung   Die Prozessorientierung richtet eine Organisation nach den Kundenbedürfnissen aus und erhöht somit den Prozessnutzen. Die Steigerung der Wertschöpfung des Prozesses erhöht die Kundenbindung und sichert Marktanteile. Ein Führungsinstrument für die Informatik muss sich deshalb an einer prozessorientierten Grundlage ausrichten (vgl. Fall 1, Fall 3 und Fall 4).

Quantifizierte Aussagen (kontinuierliche Verbesserung)   Viele Entscheide werden heute kollektiv gefällt und/oder müssen gegenüber Gleich- oder Unterstellten vertreten werden. Nur quantifizierte Aussagen erlauben eine objektive Diskussion und bilden die Ausgangslage für eine messbare Verbesserung. Ein Führungsinstrument für die Informatik muss quantifizierte Ergebnisse liefern. Nur so findet es Akzeptanz und Verwendung.

Ausrichtung auf die Stakeholder   Die Org./IT-Verantwortlichen von heute werden mit einem breiten Spektrum von Prozessen, welche sie führen müssen, betraut. Die Vielfalt und die Komplexität der Aufgaben verlangen ein auf die speziellen Bedürfnisse der Adressaten ausgerichtetes Instrumentarium.

Transparenz   Führungsinstrumente, welche quantifizierte Aussagen zum Ergebnis haben, müssen aus Akzeptanzgründen durchschaubar sein. Sie müssen im Gegenstandsbereich der Messung, im Zweck der Messung (Interessen) sowie im Aufbau des Instruments transparent sein. Erst die Durchschaubarkeit erlaubt die Anpassung an die spezifischen Gegebenheiten und ermöglicht eine zielgerichtete Nutzung des Instruments.

1.4   Adressaten und Nutzen

Das Buch richtet sich an:

Org./IT-Manager   Vorliegendes Buch ist auf die Org./IT-Verantwortlichen sowie dessen Manager ausgerichtet. Unter Org./IT-Manager werden diejenigen Mitarbeiter der Org./IT-Abteilung verstanden, die Führungsaufgaben auf allen Hierarchiestufen wahrnehmen. Diese Mitarbeiter können Nutzen aus diesem Buch ziehen: Mit Hilfe des vorgeschlagenen

Systems kann der eigene Verantwortungsbereich einmal oder auch periodisch auf seine Leistungsfähigkeit hin überprüft werden. Zusätzlich können die eigenen Messmethoden, Führungsgrössen und Checkfragen auf ihre Vollständigkeit kontrolliert werden. Die skizzierte Methode der Ableitung von Führungsgrössen kann auch bei einer informatikspezifischen Ableitung von Führungsgrössen als Anleitung benutzt werden. Die dargestellten Prozesse können als Referenzprozesse dienen oder auch als Leitfaden zur Umsetzung des Prozessgedankenguts in der Org./IT-Abteilung beigezogen werden.

Fachbereichs-verantwort-liche

Fachbereichsverantwortliche sind in der Regel Bezieher der Leistungen der Org./IT-Abteilung. Ihnen kann dieses Buch als Grundlage für die Beurteilung der Leistung der Informatikprozesse aus Kundensicht dienen. So können beispielsweise bei der Gestaltung von Service Level Agreements die vorgeschlagenen Führungsgrössen als Dialogbasis verwendet werden.

Wissen-schaftler

Der Wissenschaftler im Bereich der Wirtschaftsinformatik ist ebenfalls Adressat dieses Buches. Durch die Anwendung der Prozessmethodik haben sich gewisse Stärken und Schwächen des prozessorientierten Ansatzes gezeigt. Diese gilt es in weiteren Arbeiten (siehe Kap. 5) zu beheben. Durch den Referenzcharakter der Prozesse können Wissenschaftler eine verbesserte Einsicht in die Informatikprozesse gewinnen. Die Ableitung von Erfolgsfaktoren und darauf basierende Führungsgrössen und Checkfragen aus der Praxis geben wichtige Hinweise auf die Relevanz einiger Erfolgsfaktoren.

Studenten

Der Student der Wirtschaftsinformatik, insbesondere des Informationsmanagements, soll die Aufgaben und die Rolle der Org./IT-Abteilung im Unternehmen verstehen lernen.

1.5   Beteiligte Praxisvertreter

CC PRO

Dieses Buch basiert auf den Ergebnissen zweier Arbeitsgruppen im Rahmen des Forschungsprogramms IM HSG am Institut für Wirtschaftsinformatik (IWI) der Universität St. Gallen (HSG). Die methodischen Grundlagen wurden im Kompetenzzentrum "Prozessentwicklung" (CC PRO) erarbeitet. Ziel dieses CCs ist die Entwicklung einer Methode für das Business Process Redesign. Die im Projekt "CC PRO" beteiligten Praxisverteter sind in Tabelle 1.5/1 aufgeführt.

SVD / FdI

Die Arbeitsgruppe "Führungsgrössen der Informatik" (FdI) der Schweizerischen Vereinigung für Datenverarbeitung (SVD) war für Ableitung, praktische Umsetzung und Überprüfung der erzielten Ergebnisse verantwortlich. Die Arbeitsgruppe bestand aus den Primäradressaten dieses Buches (siehe Kap. 1.4). Tabelle 1.5/2 enthält die Vertreter der SVD-Arbeitsgruppe.

Organisation	Vertreter
Migrosbank	Sollberger M.
Schweizerische Lebensversicherungs- und Rentenanstalt / Swiss Life	Fischer M., Meyer M., Morf Th.
Schweizerische Bankgesellschaft	Ackermann J., Gasser B.
Schweizerischer Bankverein	Bajardi G., Cottier P., Gabathuler J., Gruber T., Kiefer A.
Secura	Meiler A.

Abb. 1.5/1:   Projektbeteiligte im "CC PRO"

Organisation	Vertreter
Atraxis	Pfammatter K.
Winterthur-Versicherungen	Heinzer R.
"Zürich" Versicherungsgesellschaft	Biolley S., Martensson P.-A.

Abb. 1.5/2:   Projektbeteiligte der SVD-Arbeitsgruppe "FdI"

Fallbeispiele

Neben den oben erwähnten Projektgruppen haben folgende Organisationen einen Beitrag als "Sounding Board" geleistet oder ein Fallbeispiel zur Verfügung gestellt: Information Management Gesellschaft, Schweizerische Kreditanstalt, Hewlett Packard Europe, Helvetia/Patria Versicherungen, GfAI, KPMG Unternehmensberatung GmbH, ABB Management AG, XMIT und Real Decisions & Co.

1.6   Aufbau

Der folgende Abschnitt soll einen Überblick über den inhaltlichen Aufbau des Buches vermitteln, um das zielgerichtete Lesen zu erleichtern. Abb. 1.6/1 stellt den Aufbau in grafischer Form dar.

Kap. 1

In Kap. 1 wurden beispielhaft Cases aufgeführt und anschliessend zu typischen Problemen der Org./IT-Führung generalisiert.

Aus jeder Problembeschreibung entstand eine Anforderung an das vorliegende Instrument. Neben den Anforderungen sind zusätzliche Voraussetzungen definiert worden: die Adressaten und die Beteiligten.

Kap. 2

Die Anforderungen aus Kap. 1.3 werden in Kap. 2 zu konkreten Konzepten erweitert.

Kap. 3

Kap. 3 übernimmt die theoretischen Vorstellungen aus Kap. 2 und macht einen Vorschlag zur Gliederung der Org./IT-Abteilung in einer Prozesslandkarte, d. h. zu ihren Aufgaben, zur Abgrenzung gegenüber den Kunden und zum Aggregationsniveau. Ausserdem enthält es eine kurze Prozessbeschreibung.

Kap. 4

Kap. 4 stellt den Kern des Buches dar. Hier werden die acht in Kap. 3 vorgestellten Prozesse beschrieben. Die detaillierten Beschreibungen umfassen unter anderem die wesentlichen Leistungen und Aufgaben und die dazugehörenden effektivitäts- und effizienzbestimmenden Kriterien. Diese Kriterien werden für jeden Prozess mittels Führungsgrössen, Checkfragen und Cases, ein sog. Performance Measurement System (PMS) operationalisiert.

Kap. 5

Kap. 5 fasst die Ergebnisse zusammen und beendet das Buch mit einem Ausblick auf die Zukunft des prozessbasierten Performance Measurements in der Org./IT-Abteilung.

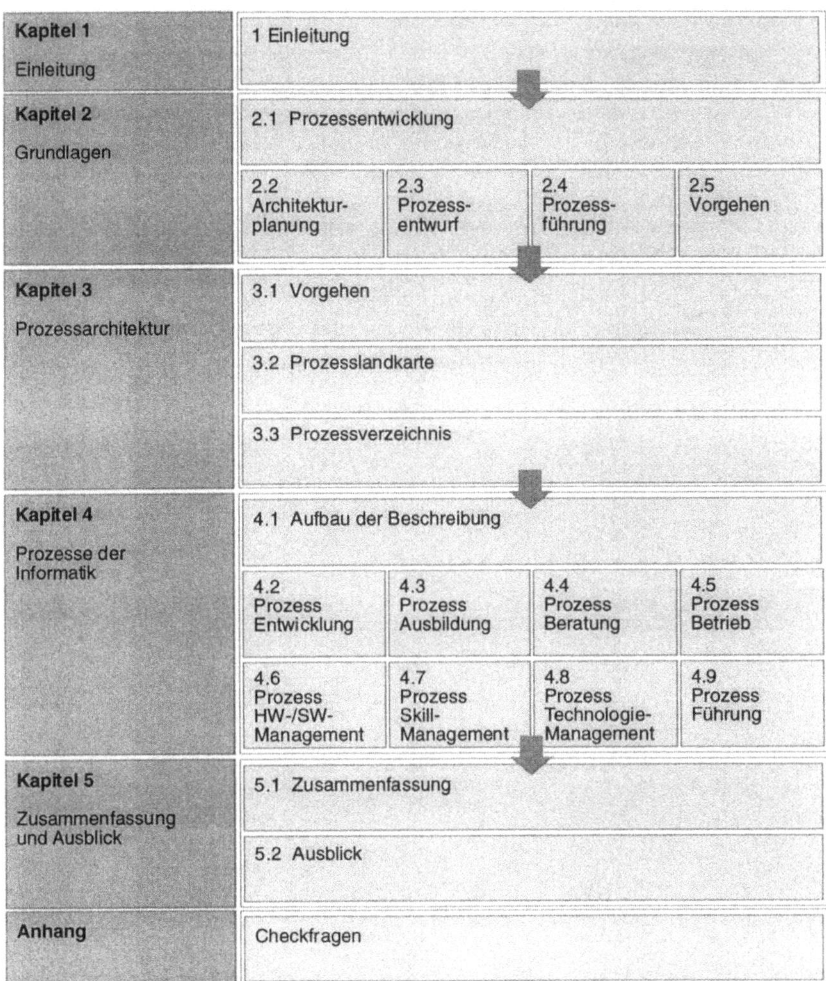

Abb. 1.6/1:   Inhaltlicher Aufbau des Buches

2 Grundlagen

Das Ziel von Kap. 2 besteht darin, die theoretische Grundlage des Informatik-Führungsinstruments darzustellen. Dabei soll ein einfacher Rahmen für die Ableitung eines in der Praxis verwendbaren PMS für die Org./IT-Abteilung konstruiert werden.

Die wichtigsten Ergebnisse von Kap. 1 sind die Anforderungen an ein Führungsinstrument für die Informatik:

- Prozessorientierung

- Quantifizierte Aussagen

- Ausrichtung auf die Stakeholder (insbesondere auf den Org./IT-Verantwortlichen)

- Transparenz

Transparenz   Die ersten drei Anforderungen stellen Bedingungen an das Ergebnis dieses Buches dar, die vierte Anforderung (Transparenz) betrifft die Herleitung des Systems. Dieser Anforderung wird durch die Gliederung und Darstellung in Zwischenergebnisse (Prozesslandkarte, -beschreibungen, Erfolgsfaktoren) und Endergebnisse (Führungsgrössen, Checkfragen) Rechnung getragen.

Abbildung 2/1 zeigt die Zusammenhänge zwischen Anforderungen und den Konzepten respektive Kapiteln, welche diese Anforderungen abdecken. Die Anforderung nach Transparenz wird aus obigen Gründen nicht aufgeführt.

Anforderungen	Konzepte und Kapitel
Prozessorientierung	Prozessentwicklung (Kap. 2.1) und -entwurf (Kap. 2.3), Architekturplanung (Kap. 2.2)
Quantifizierte Aussagen	Prozessführung (Kap. 2.4), Führungsgrössen und Checkfragen
Ausrichtung auf Stakeholders, insbesondere auf den Org./IT-Verantwortlichen	Prozessführung (Kap. 2.4), Effektivität und Effizienz, Kritische Erfolgsfaktoren, Nutzen-/ Machbarkeits-Matrix

Abb. 2/1:   *Anforderungen und Konzepte*

Im Rahmen dieses Buches werden die Ergebnisse des Kompetenzzentrum "Prozessentwicklung" (CC PRO) (siehe Kap. 1.5) des Instituts für Wirtschaftsinformatik als Grundlage für die Prozessorientierung verwendet [siehe Österle 1993 und 1995, Hess/Brecht, Mende oder IMG]. Ein Prozess wird folgendermassen definiert:

Definition Prozess

"Ein Prozess ist eine Menge von Aufgaben, die in einer vorgegebenen Ablauffolge zu erledigen sind." [Österle 1993, S. 22]

2.1   Prozessentwicklung

Die Prozessentwicklung ist die Summe aller Aktivitäten zur Verbesserung und Weiterentwicklung eines Prozesses. Sie findet heute auf drei Ebenen statt (siehe Abb. 2.1/1).

Die Architekturplanung gliedert die wichtigsten Abläufe einer Organisation in Prozesse (siehe Kap. 2.2).

Der Prozessentwurf ("radical redesign") ist die einmalige, projektartige Gestaltung eines Prozesses, welche radikale Innovationen mit sich bringt (siehe Kap. 2.3).

Die Prozessführung (siehe Kap. 2.4) wird verstanden als "die laufende Planung, Umsetzung und Kontrolle von prozessbezogenen Zielen und Massnahmen im Sinne einer kontinuierlichen Weiterentwicklung des Prozesses" [Mende, S. 6].

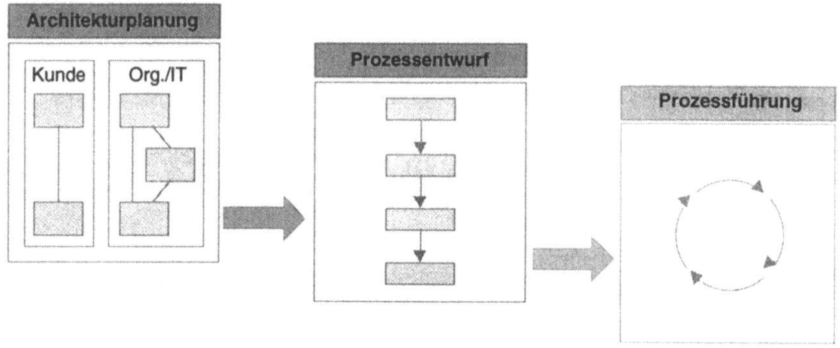

Abb. 2.1/1:   Prozessentwicklung [in Anlehnung an Brecht, S. 36f.]

2.2   Architekturplanung

Definition

Die Architekturplanung hat zur Aufgabe, aus der Vielzahl von unternehmerischen Abläufen die wichtigsten zu bestimmen, diese als eigenständige Prozesse zu formulieren und die Aufmerksamkeit des Managements darauf zu konzentrieren. Der Erfolg der gesamten Prozessentwicklung hängt entscheidend von einer sinnvollen Auswahl und Abgrenzung der Prozesse ab.

Vorgehen Drei Schritte sind bei der Durchführung der Architekturplanung wichtig: die Definition der Leistungen (aus den Produkten oder Prozesstypen), die Bildung verschiedener Vorschläge zur Definition der Prozesse sowie die Auswahl eines Vorschlags.

Ergebnisse Das Ergebnis der Aktivität "Architekturplanung" besteht in einer sog. Prozesslandkarte ("road map") und einem Prozessverzeichnis, welche eine Übersicht der wichtigsten Prozesse und deren Beziehungen zueinander darstellen [vgl. z. B. Hess/Brecht. S. 85].

Verwendung Ein Performance Measurement System, wie es dieses Buch vorsieht, muss einen klar definierten Messgegenstand haben. Deshalb ist es notwendig, dass folgende Ergebnisse für das Informatik-Führungs- instrument übernommen werden: eine Prozesslandkarte (Kap. 3.2) sowie ein Prozessverzeichnis (Kap. 3.3).

2.3 Prozessentwurf

Der Prozessentwurf ist die einmalige, projektartige Gestaltung eines Prozesses [Mende, S. 6]. Der Prozessentwurf beantwortet Fragen wie: "Wie sieht der Prozess aus?", "Wie sehen die Erfolgsfaktoren des Prozesses aus?" oder: "Welche Leistungen produziert der Prozess?" [vgl. IMG, AKTI 1]. Primärer Gegenstand des Prozessentwurfs sind die operativen Abläufe eines Unternehmens.

Ein Prozessmodell (Abb. 2.3/1) erklärt die Bestandteile von Prozessen und liefert einen Rahmen für den Entwurf konkreter Prozesse [Österle 1993, S. 12].

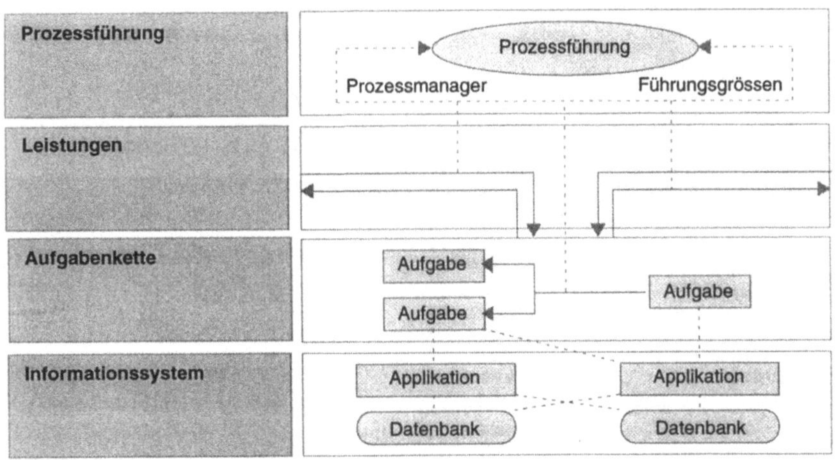

Abb. 2.3/1: Prozessmodell

Ein Prozess besteht aus den Bestandteilen Prozessführung, Leistungen, Aufgabenketten und Informationssystemen [Definitionen in Anlehnung an Hess/Brecht, S. 81f.]:

Prozessführung
Die Prozessführung steuert den Prozess. Sie bestimmt die Messinstrumente, plant Soll-Werte, erhebt Ist-Werte und schlägt Verbesserungsmassnahmen vor. Der Prozessmanager ist für das Setzen, Kontrollieren und Erreichen der Prozessziele verantwortlich [siehe Mende, S. 160ff. oder Österle 1995, S. 54].

Leistungen
Leistungen sind die Ergebnisse eines Prozesses und werden an die Prozesse der Kunden abgegeben. Dabei kann der Kunde von innerhalb oder ausserhalb des Unternehmens stammen.

Aufgabenkette
Eine Aufgabenkette zeigt die wichtigsten Aufgaben eines Prozesses und deren Ablauffolge. Eine Aufgabe ist eine betriebliche Tätigkeit mit einem definierten Ergebnis. Sie wird von Menschen und/oder Maschinen ausgeführt.

Informationssystem
Das Informationssystem (IS) besteht aus der Gesamtheit der Applikationen und Daten, die zur Unterstützung der Aufgabenausführung verwendet werden.

Vorgehen
Die Prozessmethodik des CC PRO umfasst drei Grobphasen (Vorstudie, Makro-Entwurf und Mikro-Entwurf) [siehe IMG, AKTI 3ff.]. Dabei werden pro Phase die zu erzielenden Ergebnisse und die dazugehörenden Techniken definiert. Die Ergebnisse der einzelnen Phasen sind nachzuschlagen bei [Hess/Brecht, S. 83].

Verwendung
Der Umfang der Prozessentwurfs-Methode macht unter Berücksichtigung der Ziele, Anforderungen und Adressaten des Informatik-Führungsinstruments eine Eingrenzung der verwendeten Ergebnisse und dazugehörenden Techniken nötig. Neben den beiden erwähnten Ergebnissen sind folgende Ergebnisse im Rahmen des Prozessentwurfs für die Ableitung eines Informatik-PMS erforderlich: Prozesskontextdiagramm, Prozessmanager und Aufgabenkettendiagramm.

2.4   Prozessführung

Definition
Ein Prozessführungssystem dient der Steuerung eines Prozesses. Es ist ein Instrument, welches der Prozessverantwortliche (Prozessmanager) einsetzt, um die Leistungsfähigkeit des Prozesses zu prüfen und daraus Verbesserungsmassnahmen abzuleiten.

Kreislauf
Die Prozessführung ist ein kontinuierlicher Vorgang, der durch den Führungskreislauf (Planung, Verabschiedung, Umsetzung und Kontrolle) immer wieder neu angestossen wird. Drei unterschiedliche Kreisläufe sollten vorhanden sein: je einer für das Prozesskonzept, für die Gruppen- bzw. Mitarbeiterziele sowie für die Verbesserungsmassnahmen.

Ergebnisse   Folgende Ergebnisse werden durch die Projektführung bereitgestellt [Mende, S. 125]: kritische Prozesserfolgsfaktoren, Prozesskennzahlensystem, Befragungen der Prozesskunden und der Mitarbeiter sowie eine Massnahmenbewertung.

Verwendung   Das zu entwickelnde Informatik-PMS ist eine spezielle Form der Prozessführung. Die ersten drei aufgeführten Ergebnisse der Projektführung sind Mittel, um den in Kap. 1.3 gestellten Anforderungen gerecht zu werden. Die kritischen Erfolgsfaktoren dienen der Ausrichtung auf den Prozessverantwortlichen, das Prozesskennzahlensystem ist eine Umsetzung der Anforderung nach quantifizierten Aussagen, und die Mitarbeiter- und Prozesskundenbefragungen operationalisieren die Prozesse auf die nicht-quantifizierbaren Bedürfnisse der Kunden. Die drei Ergebnisse müssen auf die Bedürfnisse der Org./IT-Abteilung und die besonderen Zielsetzungen dieses Buches ausgerichtet und erweitert werden.

Die von der Prozessführung vorgestellten Instrumente können die in Kap. 1.3 definierten Anforderungen nur zum Teil erfüllen. Einige Konzepte müssen erweitert werden, andere sind neu zu entwickeln oder zu integrieren. Folgende Konzepte werden entwickelt: die Effektivität und Effizienz, die Kritischen Erfolgsfaktoren, die Führungsgrössen und Checkfragen sowie die Nutzen-/Machbarkeitsmatrix.

2.4.1   Effektivität und Effizienz

Jeder Prozess hat eine eigene Führung, welche zur Aufgabe hat, die im voraus festgelegten Prozessziele zu erreichen. Die Erreichung der Prozessziele bedingt die Festlegung von Zielen sowie die Messung des Erfüllungsgrads. Abb. 2.4.1/1 stellt die Bestandteile und Beziehungen in der Prozessführung vor, wie sie in diesem Buch verwendet werden.

Sichten auf   Ziel jedes Informatikprozesses und somit seiner Prozessführung ist es,
die Prozesse   einerseits einen Beitrag zur Erreichung der Unternehmensziele zu leisten und andererseits den Ressourcenverbrauch bei der Leistungserstellung zu minimieren [siehe Österle 1995, S. 105]. Diese beiden Ziele spiegeln zwei Sichten auf den Prozess wider, die Sicht des Prozesskunden und die Sicht des Prozessmanagers.

"Business processes can be measured by their efficiency and their effectiveness. The effectiveness of a business process is determined by how well it meets the needs of those who use the outcomes of the process (see customer satisfaction). The efficiency of the process is determined by how economical it is in using resources-bought-in inputs, time, manpower, money or other factors" [EIU, S. 25].

Gliederung   Kundenorientierte Prozesse, die einen Beitrag zur Erreichung der Unternehmensziele liefern, nennt man effektive Prozesse [siehe Harrington, S. 74]. Prozesse, die nach internen Zielsetzungen ablaufen, nennt man effiziente Prozesse. Im Rahmen dieses Buches werden Effektivität und Effizienz anhand der Kundenzufriedenheit und durch mehrere kritische Erfolgsfaktoren (siehe Abschnitt 2.4.2) konkretisiert. Beide Aspekte des Prozesserfolgs werden durch Führungsgrössen und Checkfragen (siehe Abschnitt 2.4.3) operationalisiert. Das Instrument der Nutzen-/Machbarkeitsmatrix (siehe Abschnitt 2.4.4) soll dem Leser praktische Hinweise zur Verwendung der Führungsgrössen und Checkfragen geben.

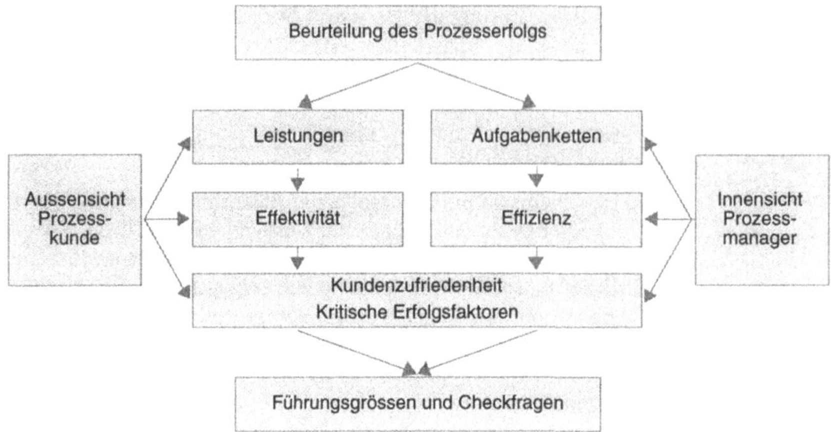

Abb. 2.4.1/1:   Bestandteile und Beziehungen in der Prozessführung

Effektivität

Die Effektivität eines Informatikprozesses beschreibt, inwieweit die Leistungen eines Prozesses die Bedürfnisse und Erwartungen der Prozesskunden erfüllen. Diese Definition basiert auf der Tatsache, dass der Erfolg des Prozesses von den Kunden abhängig ist. Die Erfüllung der Kundenbedürfnisse und -erwartungen ist Voraussetzung für das wirtschaftliche Überleben einer Organisation.

Kunden-
zufriedenheit

Die Effektivität eines Prozesses lässt sich vor allem durch die Kundenzufriedenheit messen [siehe Definitionen, Arten und Beispiele in EIU, S. 21ff.]. Mit Hilfe der "Effektivität" werden im Rahmen dieses Buches Instrumente zur Beurteilung des Nutzens der Informatikprozesse aus Kundensicht entwickelt.

Effizienz

Die Prozesseffizienz wird definiert als benötigter Ressourceneinsatz zur Erstellung einer Output-Einheit. Somit strebt die Effizienz die Minimierung des Ressourceneinsatzes für die Leistungserstellung an. Die Prozesseffizienz versucht, die Wirtschaftlichkeit der Leistungs-erstellung zu beeinflussen.

Ablaufplanung Der Blickwinkel der Effizienz richtet sich nicht nach aussen, sondern nach innen. "Die Ablaufplanung kümmert sich um das 'Wie', also um die Effizienz eines Prozesses. Sie legt fest, welche Aufgaben in welcher Reihenfolge die zuvor definierten Leistungen erbringen" [Österle 1995, S. 86]. Der Prozess wird aus der Perspektive des Prozessmanagers, der für die Planung, Zielerreichung und Kontrolle der Prozesse verantwortlich ist, beurteilt.

Das Konzept der "Prozesseffizienz" strukturiert die Ableitung der Erfolgsfaktoren. Durch die eindeutige Trennung von Effektivität und Effizienz und die gleichzeitige Unterscheidung zwischen Kunden- und Prozessmanagersicht ergibt sich ein von aussen nachvollziehbares Gerüst für die Zieldefinition sowie eine transparente Ableitung für das PMS.

2.4.2   Kritische Erfolgsfaktoren

Nicht-finanzielle Aspekte Das Konzept der kritischen Erfolgsfaktoren unterstützt die Bestimmung der erfolgsrelevanten Merkmale einer Organisation. "Critical success factors are the few key areas where 'things must go right' for the business to flourish and the manager's goals to be attained" [Martin/Leben, S. 186]. Dabei geht das Konzept davon aus, dass die "few key areas" nicht primär finanzielle Aspekte, sondern Grössen wie Qualität, Flexibilität, Geschwindigkeit sind. Die finanziellen Aspekte (insb. Gewinn, Umsatz, usw.) sind eine Folge des Primärerfolgs und daher zur Lenkung der Organisation schlecht geeignet.

Branchen-KEF Rockart entwickelte die kritischen Erfolgsfaktoren für die Ableitung von Management-Informationen. Bei zahlreichen Untersuchungen [Rockart] stellte er fest, dass es Erfolgsfaktoren gibt, welche charakteristisch für eine ganze Branche sind, z. B. die Geschwindigkeit der Serienentwicklung in der Automobilbranche.

Nutzen Aus dem Einsatz des Konzeptes der KEF kann folgender Nutzen erwartet werden:
- Sichtbarmachung von Zielkonflikten
- Gemeinsames Verständnis von Wichtigkeiten und Prioritäten
- Basis für die Ableitung der Führungsgrössen und Checkfragen

Verwendung Im Rahmen dieses Buches wird das Konzept der KEF umfassend eingesetzt. Aufbauend auf dem Branchenbefund von Rockart wird die EDV als ein Wirtschaftszweig betrachtet. Es wird davon ausgegangen, dass die KEFs innerhalb dieses Zweiges ähnlich sind. In der Prozessnotation heisst dies, dass die Informatikprozesse unterschiedlicher Unternehmen Gemeinsamkeiten in bezug auf die erfolgsbestimmenden Merkmale (KEFs) haben. Mit Hilfe der KEFs wird die Effizienz der Informatikprozesse konkretisiert und die Ableitung von Führungsgrössen und Checkfragen unterstützt.

2.4.3   Führungsgrössen und Checkfragen

Zweck

Führungsgrössen sind Zahlen, die in konzentrierter Form über quantifizierbare, betriebswirtschaftlich interessierende Sachverhalte informieren oder prognostizieren. Im Rahmen dieses Buches wird der Begriff "Führungsgrösse" verwendet. Führungsgrössen sind eine Teilmenge aller Kennzahlen mit zwei Einschränkungen. Erstens beziehen sich Führungsgrössen immer auf Prozesse oder deren Durchführung, und zweitens besitzen Führungsgrössen Managementrelevanz.

Systeme von Führungsgrössen

Folgende Schwierigkeiten können bei der Verwendung von Führungsgrössen und Checkfragen entstehen. Die Ableitung von Aussagen und Massnahmen anhand einer Führungsgrösse kann Fehlsteuerungen nach sich ziehen [vgl. Mende, S. 68]. Hierbei verhelfen Systeme von mehreren Führungsgrössen zu sinnvolleren Aussagen. Führungsgrössensysteme sind geordnete Gesamtheiten von Führungsgrössen, die in einer sachlich sinnvollen Beziehung zueinander stehen, sich gegenseitig ergänzen und den Zweck verfolgen, den Betrachtungsgegenstand in einem umfassenden Zusammenhang darzustellen. Das zweite Problem besteht darin, dass sich nicht alle effizienz- und effektivitätsbestimmenden Faktoren in Führungsgrössen fassen lassen. Kundenzufriedenheit, Qualität oder Flexibilität sind nur schwer mittels Zahlen operationalisierbar. Es müssen also neben den Führungsgrössen noch andere Instrumente Anwendung finden.

Definition Checkfragen

Wir entwickeln in erster Linie Führungsgrössen. Bei gewissen schwer operationalisierbaren Stellen werden Checkfragen verwendet. Checkfragen sind Fragenkataloge mit dem Ziel, die wesentlichen Aspekte eines interessierenden Sachverhaltes zu erarbeiten. Die Ergebnisse der Befragungen können zu Profilen oder zu quantifizierten aggregierten Aussagen zusammengefasst werden.

Nutzen von Führungsgrössen

Folgende Vorteile können durch den Einsatz von Führungsgrössen und Checkfragen erzielt werden:
- Sie quantifizieren Ziele und schaffen so objektive Vorgaben.
- Sie steuern die Zielerreichung und motivieren die Mitarbeiter.
- Sie helfen, den Zielerreichungsgrad festzustellen, die Ursachen für Abweichungen zu finden und Massnahmen abzuleiten.
- Sie zeigen Veränderungen und Trends im betrieblichen Geschehen.

Mit Führungsgrössen und Checkfragen wird im weiteren Verlauf des Buches ein PMS für den Praktiker aufgebaut. Die effektivitäts- und effizienzbestimmenden Faktoren werden in Führungsgrössen und Checkfragen operationalisiert. Mit Hilfe dieser Aussagen kann der Adressat die Performance der ihm anvertrauten Org./IT-Abteilung beurteilen.

2.4.4   Nutzen-/Machbarkeitsmatrix

Nutzen

Die Nutzen-/Machbarkeitsmatrix (N/M-Matrix) unterstützt die Umsetzung der Führungsgrössen und Checkfragen in der betrieblichen Praxis. Sie stellt eine zusätzliche Information für den Leser dar. Die von der Arbeitsgruppe vorgenommene Beurteilung visualisiert die geschätzte Häufigkeit und Breite der Erfassung der Führungsgrösse. Diese Beurteilung bildet eine subjektive Ausgangslage; durch besonders günstige Voraussetzungen (z. B. zwei OE sind sehr ähnlich) kann die situative Beurteilung des Nutzens und der Machbarkeit durchaus anders ausfallen. Abb. 2.4.4/1 stellt eine Nutzen-/Machbarkeitsmatrix dar.

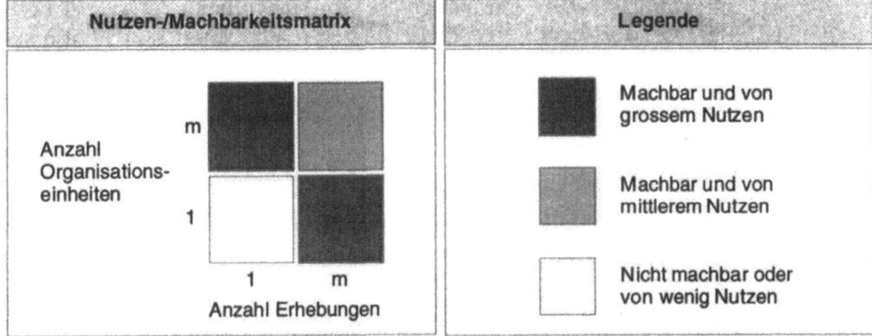

Abb. 2.4.4/1:   Nutzen-/Machbarkeitsmatrix

Dimensionen der N/M-Matrix

Die beiden Dimensionen dieser Vier-Felder-Matrix sind "Anzahl Erhebungen" und "Anzahl Organisationseinheiten" (OE). Erstere betrachtet die Erhebungen in ihrer zeitlichen Entwicklung, wobei zwei Ausprägungen möglich sind: "1" oder "m". "1" bedeutet, dass die Zahlen einmal erhoben werden. "m" bedeutet, dass die Führungsgrössen und Checkfragen mehrmals erhoben werden, so dass die Ergebnisse in ihrer zeitlichen Veränderung beurteilt werden können. Die zweite Dimension gibt Auskunft darüber, wieviele OE an der Erhebung und am Vergleich der Führungsgrössen und Checkfragen beteiligt sind ("1" oder "m") . "1" bedeutet, dass nur eine OE an der Erhebung beteiligt ist und die Ergebnisse nicht mit anderen Gruppen, Abteilungen, Prozessen oder Unternehmen verglichen werden. Entsprechend bedeutet "m", dass die Ergebnisse mit anderen OE verglichen werden.

2.5   Vorgehen

Das PMS verwendet Elemente aus allen drei Ebenen (Architekturplanung, Prozessentwurf und -führung). Die Ausgangslage bildet eine

Prozesslandkarte für die Informatik. Die Beschreibung der Prozesse wird verwendet für die Bestimmung der effektivitäts- und effizienzbestimmenden Faktoren. Letztere werden vom Adressaten durch kritische Erfolgsfaktoren detailliert. Die Prozessbeschreibung setzt Instrumente ein, die zur Ebene Prozessentwurf gehören. Auf der Ebene der Prozessführung werden die Erfolgsfaktoren für den Prozessmanager und die Kundenzufriedenheit erhoben. Aus diesen Angaben werden die Führungsgrössen, Checkfragen und Cases abgeleitet.

2.6   Zusammenfassung

Kap. 2 hat die Grundlagen vorgestellt. Dabei spielt der Prozessgedanke mit seinen Konkretisierungen in Form von Prozessen und deren Bestandteilen eine zentrale Rolle. Folgende Ergebnisse werden im weiteren Verlauf des Buches für jeden Prozess festgelegt (Abb. 2.6/1):

Prozesslandkarte	Effektivität und Effizienz
Prozessverzeichnis	Führungsgrössen und Checkfragen
Prozessmanager	Kritische Erfolgsfaktoren
Aufgabenkettendiagramm	Nutzen-/Machbarkeitsmatrix

Abb. 2.6/1:   Verwendete Instrumente

Im folgenden Kapitel wird anhand der in Kap. 2 vorgestellten Grundlagen die Prozesslandkarte und das Prozessverzeichnis erarbeitet.

3

Prozessarchitektur

Die Prozessarchitektur umfasst zwei Ergebnisse, einerseits die Prozesslandkarte und andererseits ein Prozessverzeichnis. Durch diese beiden Ergebnisse wird auf transparente Art und Weise der "Baseline-Prozess" für das Performance Measurement System festgelegt.

Architektur-
planung

Das Vorgehen zur Erstellung einer Prozesslandkarte und eines Prozessverzeichnisses nennt man Architekturplanung. Die SVD-Arbeitsgruppe liess sich von der PROMET-Prozessmethodik [Österle 1995, S. 127ff.] des Instituts für Wirtschaftsinformatik leiten. Eine ausführliche Darstellung des Vorgehens und der Zwischenergebnisse sind nachzulesen bei [Brogli et al.].

3.1 Vorgehen

Folgende Architekturplanungsschritte wurden zur Erstellung von Prozesslandkarte und Prozessverzeichnis durchgeführt: Ableitung von Prozessen aus den Kundenbedürfnissen, Ableitung von Prozessen aus den Prozesstypen sowie Prüfung und Auswahl der Prozesskandidaten.

3.1.1 Ableitung von Prozessen aus Kundenbedürfnissen

Fragen zu
Kunden-
bedürfnissen

Ausgangspunkt zur Bestimmung der Prozesse bilden die Kundenbedürfnisse. Zwei Fragen sind zu stellen: "Welche Leistungen erwarten unsere Kunden?" und "In welchen Abläufen benötigt der Kunde unsere Leistungen?".

Mehrere Informatik-Organisationen (Atraxis, Bedag Informatik, Datamind AG) bilden die Ausgangslage für die Definition der auf dem Markt angebotenen Org./IT-Leistungen.

Aus dieser Perspektive versuchen wir, einen Kundenprozess, eine Marktleistung und einen Informatikprozess miteinander zu kombinieren. Daraus ergeben sich vier Kandidaten für Leistungsprozesse: Prozess Anwendungsentwicklung, Prozess Betrieb Prozess Ausbildung, Prozess Beratung.

3.1.2   Ableitung von Prozessen aus Prozesstypen

Neben den bisher beschriebenen Leistungsprozessen benötigt ein Unternehmen zwei weitere Prozesstypen zur Sicherung seiner Zukunft: Führungsprozesse und Unterstützungsprozesse.

Führungs-
prozesse

Die Führungsprozesse sichern eine prozessübergreifende Planung, Steuerung und Kontrolle des Gesamtunternehmens. Die Org./IT-Abteilung verfügt ebenfalls über einen Prozess "Führung".

Unter-
stützungs-
prozesse

Unterstützungsprozesse ermöglichen die Ausführung mehrerer Leistungsprozesse durch die Bereitstellung von Ressourcen sowie durch die Entwicklung von Produkten und Dienstleistungen. Zwei entscheidende "Ressourcen" existieren in der Org./IT-Abteilung: die Mitarbeiter und die Infrastruktur. Die Infrastruktur Hard- und Software-Management (HW-/SW-Management) bildet eine statische Grösse. Die Beobachtung und Steuerung der Entwicklung der Infrastruktur, das sog. Technologie-Management, bildet einen zusätzlichen Unterstützungsprozess. Die Mitarbeiter und ihre Fähigkeiten werden im Prozess "Skill-Management" betrachtet. Aus der Betrachtung der Prozesstypologien lassen sich vier konkrete Prozesse ableiten: Führung, Hardware-/ Software-Management (HW-/SW-Management), Skill-Management und Technologie-Management

3.1.3   Prüfung der Prozesskandidaten und Auswahl

Prüfkriterien

Die Kandidaten sind anhand von acht Kriterien zu prüfen. Die Prüfung stellt sicher, dass die Kandidaten wichtige Abläufe darstellen, nach geeigneter Art und Weise gegliedert sind, nach den PROMET-Techniken bearbeitet und später durch eine Prozessführung gesteuert werden können. Die detaillierte Prüfung und Auswahl der Prozesskandidaten ist beschrieben in [Brogli et al.]. Die acht aufgeführten Informatikprozesse erfüllen die Anforderungskriterien an eine Architektur. Die Gliederung der Leistungsprozesse entspricht einer oft anzutreffenden klassischen betrieblichen Aufgabenteilung [siehe z. B. Moll, S. 4].

3.2   Prozesslandkarte

Definition
Prozessland-
karte

Eine Prozesslandkarte der Informatik ist eine grafische Übersicht über alle Informatikprozesse mit ihren Leistungsbeziehungen zu anderen Prozessen inner- und ausserhalb der Org./IT-Abteilung. Abb. 3.2/1 stellt die Prozesslandkarte vor.

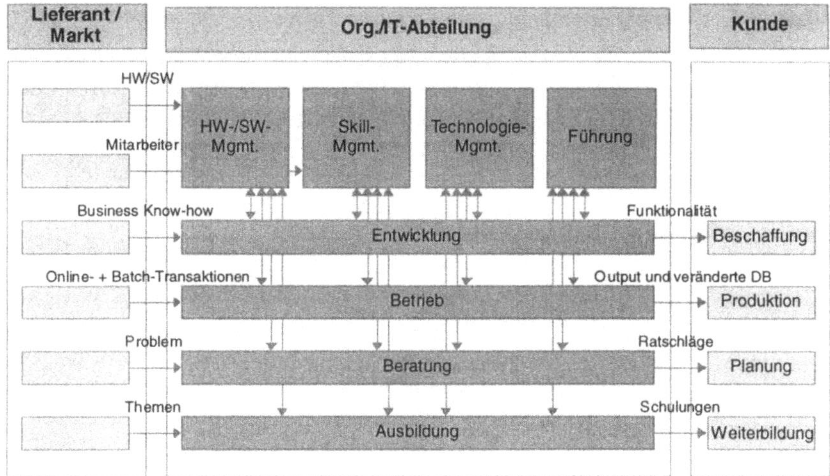

Abb. 3.2/1:   Prozesslandkarte der Informatik

3.3   Prozessverzeichnis

Prozess-
verzeichnis

Ein Prozessverzeichnis ist eine Beschreibung der Prozesse mit den Aufgaben und Leistungen. Ihre genaue Darstellung erfolgt in Kap. 4.

3.3.1   Prozess "Entwicklung"

Dieser Prozess erstellt neue und verändert bestehende SW- und HW-Lösungen. Inputleistungen in den Prozess sind Benutzerspezifikationen, welche die Anforderungen an das System festhalten. Der Prozess wird i. d. R. projektmässig mit einer vorgegebenen Aufgabenfolge abgewickelt. Der Prozess liefert lauffähige Applikationen.

3.3.2   Prozess "Ausbildung"

Zweck des Prozesses "Ausbildung" ist die Vermittlung von Wissen und Fähigkeiten an interne und externe Mitarbeiter durch schulische Ausbildung und On-the-job Training. Zwei Leistungen werden erstellt: Ausbildungskonzepte und konkrete Kurse. Die Inputleistungen variieren je nach den von den Kunden gewünschten Leistungen.

3.3.3   Prozess "Beratung"

Der Prozess "Beratung" entwickelt Lösungen zu technischen, menschlichen und organisatorischen Problemen. Der Prozess "Beratung" arbeitet auftragsbezogen. Dabei werden für Probleme der Kunden z. B. Ratschläge, Studien oder Vorgehensvorschläge entwickelt.

3.3.4   Prozess "Betrieb"

Ziel des Prozesses "Betrieb" ist es, die vorhandene Infrastruktur für die Durchführung der Aufträge seitens der Benutzer wirtschaftlich und wirkungsvoll zu nutzen. Inputleistungen sind von den Kunden aufgerufene Transaktionen und gewünschte Verarbeitungen. Das Ergebnis des Prozesses sind z. B. Listen oder veränderte Datenbestände.

3.3.5   Prozess "Hard- und Software-Management"

Der Prozess "Hard- und Software-Management" (HW-/SW-Management) ist ein unterstützender Prozess und gibt Leistungen an andere Prozesse ab. Er muss die Verfügbarkeit von Hard- und Software (inkl. Netzwerk) zur Erfüllung der betrieblichen Aufgaben sicherstellen. Die Leistung des Prozesses besteht in der Erfüllung von Kundenwünschen in Bezug auf die Infrastruktur, z. B. durch die Beschaffung eines PCs oder durch die Bereitstellung von Datenspeicherkapazität.

3.3.6   Prozess "Skill-Management"

Der Prozess "Skill-Management" muss die anderen Prozesse mit Mitarbeitern in richtiger Qualität, richtiger Anzahl und zum richtigen Zeitpunkt ausstatten. Die Kunden des Prozesses haben Lücken im Know-how und möchten diese schliessen. Durch verschiedene personalpolitische Massnahmen, wie Rekrutierung oder Planung der beruflichen Entwicklung, soll das Skill-Defizit des Kunden behoben werden.

3.3.7   Prozess "Technologie-Management"

Das Ziel des Prozesses "Technologie-Management" besteht darin, neues, praktisch verwertbares Wissen über die Technik und den Aufbau technischer Leistungspotentiale im Unternehmen zu erlangen [vgl. Specht, S. 493]. Dieser Prozess soll einerseits Instrumente für die Beurteilung des Prozesses "Technologie-Management" anbieten und andererseits Fachbereichs- und Org./IT-Manager bei der Beurteilung der Reife und Verwendung neuer sowie bereits verwendeter Technologien unterstützen.

3.3.8   Prozess "Führung"

Der Prozess "Führung" ist für die prozessübergreifende Planung, Steuerung und Koordination verantwortlich. Alle anderen Prozesse haben eine eigene Führung und sind für die Zielerreichung selbst verantwortlich. Um den Erfolg der gesamten Org./IT-Abteilung (d. h. aller Prozesse) sicherzustellen und so Suboptimas zu vermeiden, ist der Prozess "Führung" für die übergeordneten Pläne und Ziele zuständig.

4 Prozesse der Informatik

Das folgende Kapitel ist in neun Abschnitte gegliedert. Kap. 4.1 erläutert die Beschreibung jedes Prozesses. Anschliessend werden in Kap. 4.2 bis 4.9 die acht Informatikprozesse anhand der Beschreibungsattribute dargestellt.

4.1 Aufbau der Beschreibung

Die Prozesse der Informatik werden anhand der folgenden Attribute beschrieben:

Effektivität und Effizienz

In diesem Abschnitt erfolgt die Beschreibung der Prozess-Performance aus Kundensicht. Die Effektivität beschreibt, was aus Kundensicht wichtig ist und woraus die Kundenzufriedenheit besteht.

Die Prozesseffizienz beschreibt die Prozess-Performance aus Sicht des Prozessmanagers. Diese interne Sicht wird durch die kritischen Erfolgsfaktoren (KEF) konkretisiert.

Leistungen und Aufgaben

Inhalt dieses Abschnittes sind die Hauptergebnisse des Prozesses, welche an die Prozesskunden gehen, und die Aufgaben, welche für die Erzeugung der Leistungen notwendig sind. Diese "Schnittstelle zum Kunden" ist sowohl aus interner wie auch aus externer Sicht ein wichtiges Messobjekt, welches einer genaueren Definition bedarf.

Stellen und Gremien in der Prozessführung

Die Prozessführung wird getragen von Mitarbeitern, die eine bestimmte Rolle innehaben. Sie definieren das PMS, kontrollieren dessen Umsetzung und steuern den Prozess [siehe Mende, S. 6]. Die folgenden Stellen und Gremien werden definiert: Prozessmanager, Prozessausschuss, Prozesszirkel und Prozessentwickler.

Führungsgrössen

Die aufgeführten Führungsgrössen (FG) operationalisieren wichtige Aspekte des Prozesses. Sie sind primär anhand von Effektivität und Effizienz, sekundär anhand der Erfolgsfaktoren und tertiär nach den Aufgaben gegliedert.

Die Beschreibung einer jeden FG enthält eine Definition der FG, die dazugehörende Formel mit einer Erklärung der Variablen, Hinweise für die Verwendung der FG sowie eine N/M-Matrix. Die Formeln sind einfach gehalten; pro Formel sind in der Regel drei Spezifikationen vorzunehmen: die Bestimmung der betreffenden Organisationseinheit (OE), des Zeitraums und des genauen Messgegenstandes.

Checkfragen	Die aufgeführten Checkfragen (CF) ermitteln wichtige, nur schwer quantifizierbare Eigenschaften des Prozesses. Sie sind nach denselben obenerwähnten Prioritäten gegliedert. Im Anhang befinden sich Muster-Checkfragen zu den aufgeführten Bereichen.
N/M-Matrix	Jedes Element des vorgestellten PMS (Führungsgrössen und Checkfragen) ist mit einer N/M-Matrix ausgestattet (siehe Kap. 2.4.4). Die N/M-Matrix gibt dem Leser Hinweise über die Verwendung des PMS-Elements in bezug auf die Häufigkeit der Erhebung und die Anzahl der beteiligten Organisationseinheiten.

4.2   Entwicklung

Im Rahmen des Prozesses "Entwicklung" entstehen für Kunden neue Informationssysteme (IS), vorhandene werden verändert. Ein IS besteht aus Applikationen und Datenbanken und dient der Unterstützung der Aufgabenausführung [siehe Österle 1995, S. 58].

4.2.1   Effektivität und Effizienz

Effektivität	Die Frage der Effektivität des Prozesses "Entwicklung" wird beantwortet, indem die Fachbereichs- und Kundenanforderungen (die Spezifikationen) erfüllt werden und aufgrund der Verwendung der Prozessleistung für den Kunden ein Nutzen eintritt. Der Prozess "Entwicklung" setzt voraus, dass der Kunde in Zusammenarbeit mit Mitarbeitern (MA) der Org./IT-Abteilung die Prioritäten verschiedener Projekte definiert und somit die Projekte mit der grössten Effektivität (geschäftlicher Nutzen) in Angriff nimmt.
Effizienz	Aus den folgenden kritischen Erfolgsfaktoren werden Führungsgrössen und Checkfragen abgeleitet: Benutzerintegration, Kosten, Produktivität, Qualität und Zeit. Weitere, im entsprechenden unternehmensspezifischen Umfeld effizienzbestimmende kritische Erfolgsfaktoren können nach der Prozessmethodik [siehe Österle 1995, S. 112ff.] herangezogen und durch Führungsgrössen und Checkfragen operationalisiert werden.

4.2.2   Leistungen und Aufgaben

Der Zusammenhang zwischen den Leistungen und Aufgaben des Prozesses "Entwicklung" ist in Abb. 4.2.2/1 dargestellt. Eine genaue Beschreibung ist zu finden bei [Gutzwiller].

Aufgaben	Leistungen
Voruntersuchung	Ziele, Abgrenzung, Projektplan, Ist-Aufnahme, Wirtschaftlichkeitsrechnung
Requirements Analysis	Daten-, Funktions- und Organisationsmodell, Detailprojektplan
Systems Design	Soll-Daten- und Funktionsmodelle, Aufgabenbeschreibungen, Stellen- und Aufgabenstrukturen, Spezifikationen der Dialoge, Sicherheitsspezifikationen, Detailprojektplan
Konstruktion	Lauffähige Datenbanken, Batch- und On-line Programme
Transition	Ausbildung, Konversion der Daten, Tests
Pilot-Betrieb	Lauffähiges System, Post-Implementation-Review, Wirtschaftlichkeitsberechnung

Abb. 4.2.2/1:   Leistungen und Aufgaben des Prozesses "Entwicklung"

4.2.3   Stellen und Gremien der Prozessführung

Eine prozessorientierte Führung des Prozesses "Entwicklung" benötigt Stellen und Gremien, die den Prozess und seine Verbesserungen planen, verabschieden, umsetzen und kontrollieren. Eine detaillierte Aufgabenbeschreibung der einzelnen Stellen und Gremien ist zu finden bei [Mende, S. 159ff.].

Stellen und Gremien	Prozess "Entwicklung"
Prozessmanager	Entwicklungsleiter
Prozessausschuss	Entwicklungsleiter, Fachbereichsleiter, CTO, Organisationsverantwortlicher,
Prozesszirkel	Entwicklungsleiter, Projektleiter, Kunden, Analytiker/ Programmierer, Methodiker
Prozessentwickler	Leiter Methodik

Abb. 4.2.3/1:   Stellen und Gremien der Prozessführung

4.2.4   Führungsgrössen

Abb. 4.2.4/1 gibt einen Überblick über die Führungsgrössen und Checkfragen des Prozesses "Entwicklung". Der obere Teil stellt die Instrumente zur Bestimmung der Effektivität des Prozesses dar. Im unteren Teil der Tabelle enthalten die Spalten die effizienzbestimmenden Erfolgsfaktoren, die Zeilen die Aufgaben des Prozesses.

Prozess Entwicklung

Effektivität

CF Auftraggeberzufriedenheit

Nutzungsquotient

Grad erfolgreich abgeschlossener Projekte aus Auftraggebersicht

Return on Investment (ROI)

Effizienz

KEF Aufgaben	Benutzer-integration	Kosten	Produk-tivität	Qualität	Zeit
Aufgaben-übergreifende Führungsgrössen	CF Benutzer-interaktion	Vergleich - pro FP - Soll/Ist		CF Prozess-qualität	Soll-/Ist-Zeitvergleich
Voruntersuchung					
Requirements Analysis			Entwicklungs-geschwindig-keit		
Systems Design			Entwicklungs-geschwindig-keit		
Konstruktion			Entwicklungs-geschwindig-keit	Änderungs-quotient	
Transition					
Pilot-Betrieb				CF Benutzer-zufriedenheit	

Abb. 4.2.4/1:   Übersichtstafel Prozess "Entwicklung"

Effektivität

FG **Nutzungs-
quotient**
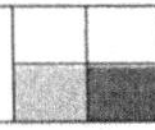

Die Führungsgrösse "Nutzungsquotient" misst das Verhältnis zwischen der tatsächlichen und der geplanten Verwendung eines entwickelten Systems (Transaktion oder Applikation).

$$\frac{\text{Verwendungshäufigkeit}}{\text{Erwartungswert während Projekt}}$$

Spezifikation:
- OE: auftraggebender FB
- Zeit: -
- Objekt: neue Transaktionen

Verwendungshäufigkeit: Anzahl Aufrufe während einer bestimmten Zeiteinheit (z. B. Monat)

Erwartungswert während Projekt: Die während des Projektes geschätzte Häufigkeit der Verwendung während einer bestimmten Zeiteinheit.

Ziel dieser Führungsgrösse ist die Quantifizierung der geschätzten und der effektiven Verwendung einer Leistung einer Entwicklung. Zwei Ziele sollten verfolgt werden: Einerseits sollten die Schätzungen während der Entwicklung die geschäftliche Nachfrage richtig einstufen und andererseits die tatsächliche Verwendung die Erwartungen gar übertreffen. Der Erwartungswert ist sehr wichtig, weil er eine wesentliche Grundlage für die Projektauswahl und Priorisierung darstellt.

Effektivität

FG **Grad erfolgreich abgeschlossener
Projekte aus Auftraggebersicht**
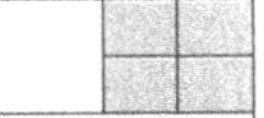

Die Führungsgrösse "Grad erfolgreich abgeschlossener Projekte aus Auftraggebersicht" gibt Auskunft darüber, inwieweit der Prozess "Entwicklung" aus Auftraggebersicht erfolgreiche Projekte auslöst. Die Stichprobenmenge (x) sollte so gross wie möglich gewählt werden.

$$\frac{\text{Erfolgreich abgeschlossene Projekte}}{\text{Erfasste Projekte}}$$

Spezifikation:
- OE: auftraggebender FB
- Zeit: -
- Objekt: z. B. letzte 10 Projekte

Erfolgreich abgeschlossene Projekte: Anzahl der letzten Projekte, die aus Kundensicht erfolgreich abgeschlossen wurden. Diese Zahl ist eine subjektive Beurteilung durch die Auftraggeber.

Erfasste Projekte: zuletzt beendete Kundenprojekte.

Die messende Organisation kann die Stichprobenmenge der Projekte (Zähler) definieren. Ob ein Projekt erfolgreich abgeschlossen wurde, muss der Auftraggeber beurteilen. Wir schlagen drei Ausprägungen vor: 0 = Projekt ist erfolglos geblieben, 1/2 = Projekt ist zum Teil erfolgreich abgeschlossen worden, und 1 = Projekt ist erfolgreich abgeschlossen worden.

Verschiedene Gruppierungen von Projekten können untersucht werden. So kann beispielsweise der Erfolg der letzten 10 eingeführten Standardsoftwarepakete oder der Erfolg eines bestimmten Teilprojektes relativiert durch Function Points dargestellt werden .

Effektivität

FG	**Return on Investment (ROI)**	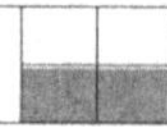

Die Führungsgrösse "ROI" ermittelt in ihrer einfachsten Form den Ertrag des investierten Kapitals [siehe Boemle, S. 473].

$$\frac{\text{Gewinn} * 100}{0.5 * \text{Investitionsvolumen}}$$

Spezifikation:
- OE: FB oder Org./IT-Bereich
- Zeit: -
- Objekt: ein, mehrere oder alle Projekte

Gewinn: Der Gewinn kann je auch Organisatinsform zwei Bedeutungen annehmen. Im Falle einer Profit-Center Orientierung stellt der Gewinn die Differenz zwischen Auftragsertrag und Auftragsaufwand dar. Eine andere Betrachtung, nämlich eine ganzheitlichere, beziffert den Gewinn als den zusätzlichen Gewinn für den Fachbereich.

Es wird nur die Hälfte des Kapitaleinsatzes in die ROI-Rechnung eingesetzt, weil das investierte Kapital nicht gesamthaft am Ende der Nutzungszeit, sondern während der Nutzungsdauer kontinuierlich zurückfliesst.

Kosten

FG	**Soll-/Ist-Kostenvergleich**	

Der Soll-/Ist-Kostenvergleich misst die prozentuale Plan-Kostenabweichung.

$$\frac{\text{Soll-Projektkosten}}{\text{Ist-Projektkosten}}$$

Spezifikation:
- OE: Projektteam
- Zeit: Erhebungszeitpunkt
- Objekt: 1 Projekt

Soll-Projektkosten: Zum Erhebungszeitpunkt geplante Projektkosten.

Ist-Projektkosten: Kosten seit Beginn des Projekts sowie die noch anfallenden Kosten, um die bis zum Erhebungszeitpunkt fälligen Ergebnisse noch zu erarbeiten.

Die Führungsgrösse kann durch Aggregation über mehrere Projekte für eine Teilmenge oder auch für die Gesamtheit des Projektportfolios berechnet werden.

Kosten

FG	**Projektkostenvergleich pro Function Point (FP)**	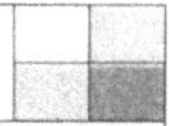

Der Projektkostenvergleich relativiert die Projektkosten im Verhältnis zum Umfang des Entwicklungsprojektes. Der Quotient sagt aus, wieviel es gekostet hat, einen Function Point im Rahmen des Projekts zu entwickeln.

$$\frac{\text{Ist-Projektkosten}}{\text{Function Points}}$$

Spezifikation:
- OE: FB und Org./IT-Bereich
- Zeit: Erhebungszeitpunkt
- Objekt: 1 Projekt

Ist-Projektkosten: Bis zum Erhebungszeitpunkt aufgelaufene Projektkosten.

Function Points: Anzahl Function Points, die dem Kunden durch ein Projekt zur Verfügung gestellt werden bis zum Erhebungszeitpunkt.

Projektkosten lassen sich nur vergleichen, wenn sie in Relation zum Aufwand gesetzt werden. Function Points messen den Funktionenumfang aus Kundensicht.

Beispiel
Gartner Group

Projektkostenvergleich pro Function Point: Beispiel Gartner Group

Die Real Decisions ist eine Tochter der Gartner Group und als solche für das Benchmarking in der Org./IT-Abteilung verantwortlich. Sie pflegt eine Datenbank mit Projektdaten von über 400 Projekten. Dabei stellt die folgende Tabelle die druchschnittlichen Entwicklungskosten für Eigenentwicklungen und für Standardsoftware zusammen [firmeninterne Unterlagen].

	Total FP (x 1000)	FP pro MA	Dollars pro FP
Eigen-entwicklung	35	212	437
Standard-anwendungs-software	24	1124	125
Total	59	317	310

Obenstehende Tabelle vergleicht die Projektkosten und die Produktivität von verschiedenen Projekttypen.

Produktivität

F G   Entwicklungs-geschwindigkeit

Die Führungsgrösse "Entwicklungsgeschwindigkeit" misst die Geschwindigkeit der Erstellung der Funktionalität. Der Quotient gibt Auskunft darüber, wieviele Function Points pro Tag entwickelt werden.

$$\frac{\text{Function Points}}{\text{Personentage}}$$

Spezifikation:
- OE: FB und Org./IT-Bereich
- Zeit: Gesamte Anzahl Personentage
- Objekt: 1 Projekt

Function Points: Die Function Points beschreiben den funktionalen Umfang des Projekts.

PT: Die Personentage sind die Anzahl Mitarbeitertage, die aufgewendet wurden, um die im Nenner beschriebenen Function Points zu produzieren.

Die Entwicklungsgeschwindigkeit kann erst nach Bekanntgabe des Aufwands in Personentagen ermittelt werden. Diese Grösse hilft bei der Prognostizierung von zukünftigen Projektdauern, indem die zu entwickelnde Anzahl Function Points durch die Entwicklungsgeschwindigkeit dividiert wird.

Beispiel
Gartner Group

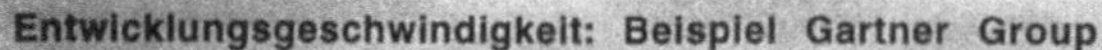

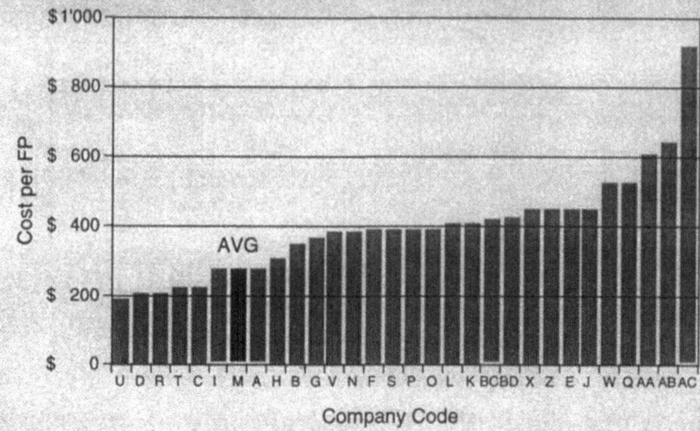

Qualität

FG	Änderungs-quotient		

Die Führungsgrösse "Änderungsquotient" gibt eine subjektive Schätzung ab über den prozentualen Anteil der vorhersehbaren Änderungen im Vergleich zum Gesamtaufwand für Änderungen während der Produktion.

$$\frac{\text{Aufwand für A-Änderungen}}{\text{Gesamter Aufwand für A-/B-Änderungen}}$$

Spezifikation:
• OE: Projektteam
• Zeit: nach Einführung
• Objekt: 1 Projekt

A-Änderungen: A-Änderungen hätten nach Einschätzung des Prozessmanagers in den früheren Aktivitäten des Projekts vermieden werden können.

B-Änderungen: B-Änderungen sind auf neue Anforderungen der Benutzer zurückzuführen und sind daher nicht vorhersehbar.

Ziel dieser Führungsgrösse ist die Quantifizierung der Herkunft der nachträglichen Änderungen. Neben der Quantifzierung wird versucht, die Quelle des Aufwands (beispielsweise qualitativ schlechte Arbeit, schwache Spezifikation usw.) zu eruieren.

Zeit

<table>
<tr><td>FG</td><td colspan="2">Soll-/Ist-Zeitvergleich</td><td>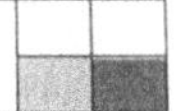</td></tr>
</table>

Die Führungsgrösse "Soll-/Ist-Zeitvergleich" misst die prozentuale Planzeitabweichung.

Soll-Projektdauer	Soll-Projektdauer: Zum Erhebungszeitpunkt aufgelaufene Projektdauer.
Ist-Projektdauer	Ist-Projektdauer: Zeitdauer seit Beginn des Projekts, die erforderlich ist, um die zum Erhebungszeitpunkt fälligen Ergebnisse zu erarbeiten.

Spezifikation:
- OE: Projektteam
- Zeit: Erhebungszeitpunkt
- Objekt: 1 Projekt

Der Soll-/Ist-Zeitvergleich kann für ein Projekt des Projektportfolios, eine Teilmenge oder für das gesamte Projektportfolio erhoben werden.

Beispiel
PRO2000

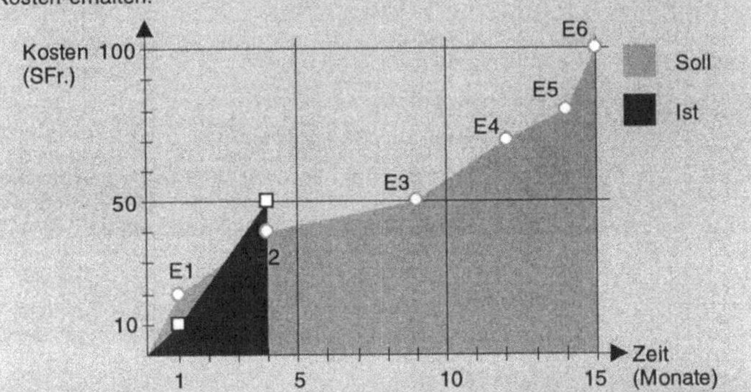

Soll-/Ist-Zeitvergleich: Beispiel Entwicklungsteam PRO2000 (fiktiver Case)

Das Entwicklungsteam PRO2000 ist für die Entwicklung eines neuen, sehr komplexen Workflow-Management-Systems auf PC-Basis verantwortlich.

Das Team PRO2000 hat Vorgaben bezüglich Ergebnissen (E), Terminen und Kosten erhalten:

Nach 4 Monaten Projektlaufzeit (Ergebnis E2) verlangt der Projektausschuss vom Projektleiter einen Soll-/Ist-Zeitvergleich. Der bisherige Verlauf des Projekts ist unbefriedigend. Nach 4 Monaten Projektlaufzeit sind bereits SFr. 50'000 aufgewendet, Ergebnis E2 aber noch nicht erreicht worden. Der Projektleiter und sein Team erwarten die Erreichung von Ergebnis E2 in 2 Wochen.

Der Soll-/Ist-Zeitvergleich sieht folgendermassen aus:

$$\frac{80 \text{ Tage}}{80 \text{ Tage} + 10 \text{ Tage}} = \frac{8}{9} = 80\,\%$$

Der Soll-/Ist-Kostenvergleich sieht folgendermassen aus:

$$\frac{40'000 \text{ SFr.}}{50'000 \text{ SFr.} + 6'666 \text{ SFr.}} = \frac{40'000 \text{ SFr.}}{56'666 \text{ SFr.}} = 71\,\%$$

33

4.2.5 Checkfragen

Effektivität

CF	Auftraggeber-zufriedenheit
Zweck	Der Auftraggeber ist der Kunde des Prozesses "Entwicklung". Dieser sollte mit den Leistungen des Prozesses zufrieden sein.
Wer	Auftraggeber aus dem Fachbereich
Wann	Am Schluss des "Pilot-Betriebs"
Wie	Schriftlich, siehe Anhang A1.1
Hinweise	Die Ergebnisse sollten im Projektausschuss diskutiert werden. Erkannte Mängel und Verbesserungen müssen sich im Prozess niederschlagen.

Qualität

CF	Benutzer-zufriedenheit
Zweck	Die Benutzerzufriedenheit misst die Zufriedenheit und Akzeptanz eines neuen oder veränderten Informationssystems. Zwei Ziele werden mit der Befragung verfolgt, einerseits eine Beurteilung des Projekts und andererseits Verbesserungen für zukünftige Entwicklungsvorhaben.
Wer	Alle Benutzer des neu entwickelten oder veränderten Informations-systems
Wann	Am Schluss des "Pilot-Betriebs"
Wie	Schriftlich, siehe Anhang A1.2
Hinweise	Die Ergebnisse der Befragung sollten aggregiert werden. Für die zukünftigen Projekte sollten Massnahmen aus der Beurteilung der Benutzerzufriedenheit abgeleitet werden. Diese Verbesserungen des Prozesses "Entwicklung" müssen in die Prozessgestaltung einfliessen. Ein abgewandelter Fragebogen kann später im Rahmen des Applikations-Controllings als Indikator für die Benutzerzufriedenheit verwendet werden.

Benutzer- integration	**C F**	**Benutzer- interaktion**
	Zweck	Die Beteiligung der Benutzer im Prozess "Entwicklung" führt zu einer erhöhten Kundenzufriedenheit. Daraus folgt als Ziel für den Prozess, dass die zukünftigen Benutzer so stark wie möglich in das Projekt eingebunden werden. Die Checkfragen dienen zur Überprüfung der Benutzerinteraktion. Die Erhebungen müssen zusammengefasst werden. Die Ergebnisse sollten die Benutzerinteraktion beurteilen und dem Projektleiter konkrete Hinweise darauf geben, wie die Zusammenarbeit mit dem Fachbereich zu verbessern ist.
	Wer	Alle am Projekt beteiligten Benutzer
	Wann	Der Fragebogen kann während jeder Aktivität ausgefüllt werden.
	Wie	Schriftlich, siehe Anhang A1.3
	Hinweise	Die Ergebnisse der Befragungen zur Benutzerinteraktion sind innerhalb einer Organisationseinheit zwischen verschiedenen Projekten vergleichbar. Kulturunterschiede können zu unterschiedlichen Resultaten führen. Dies ist bei einem zwischenbetrieblichen Vergleich zu berücksichtigen.

Qualität	**C F**	**Prozess- Qualität**
	Zweck	Eine Kunden- oder Benutzerunzufriedenheit lässt sich auf zwei generelle Ursachen zurückführen. Einerseits kann es sein, dass die Beteiligten nicht in der Lage waren, die Benutzeranforderungen in ein System zu integrieren. Andererseits ist es möglich, dass der Prozess ungenügend oder sogar schlecht ist. Diese Checkfragen können erste Anhaltspunkte über die Prozessqualität liefern.
	Wer	Der Projektleiter, der den Prozess gut kennt, oder ein Methodiker, der die Ausführung des Prozesses begleitet, kann die Checkfragen beantworten.
	Wann	Die Befragung sollte nach Abschluss eines Projekts durchgeführt werden.
	Wie	Schriftlich, siehe Anhang A1.4
	Hinweise	Die Checkfragen stellen minimale Anforderungen an den Entwicklungsprozess. Alle Anforderungen sollten abgedeckt werden. Eine möglichst rasche Weiterentwicklung des Prozesses sollte aufgedeckte Schwächen des Prozesses korrigieren.

4.3   Ausbildung

Der Zweck des Prozesses "Ausbildung" besteht darin, internen und externen Kursbesuchern IT-Wissen und -Fähigkeiten, beispielsweise Programmier- oder Anwendungskenntnisse, zu vermitteln.

4.3.1   Effektivität und Effizienz

Effektivität

Die Effektivität der "Ausbildung" wird durch die Gegenüberstellung des geschäftlichen Nutzens der Ausbildung mit den eingesetzten Mitteln erhoben. Aufgrund der schlecht messbaren Korrelation zwischen den Leistungen des Prozesses "Ausbildung" und dem geschäftlichen Nutzen, muss die Effektivität über Indikatoren ausgewiesen werden [siehe Papmehl, S. 46f.]. Beispiele für Indikatoren sind schriftliche oder mündliche Befragungen der Teilnehmer, Beurteilungen durch Vorgesetzte, Beobachtungen oder auch Gespräche zwischen Vorgesetzten und Mitarbeitern [vgl. Wunderer/ Schlagenhaufer, S. 50 oder Metzger et al., S. 45ff.].

Die Ausbildungsteilnehmer und ihre Vorgesetzten können die Effektivität einer Ausbildung unterschiedlich beurteilen. Zwei andersartige Befragungen sollen diese Diskrepanz auffangen: Einerseits aus Sicht des Teilnehmers und andererseits aus Sicht des Auftraggebers.

Auftraggeber

Der Auftraggeber ist der Vorgesetzte des Ausbildungsteilnehmers und muss die durch den Kursbesuch entstehenden Kosten (z. B. Ausfallzeiten) rechtfertigen. Die Zufriedenheit des Auftraggebers mit der Aus- und Weiterbildung hängt primär davon ab, ob der Mitarbeiter seine Ziele nach der Ausbildung besser erreichen kann. Weitere Faktoren sind Zeitpunkt, Qualität, Umfang sowie Preis der Ausbildung.

Effizienz

Die folgenden kritischen Erfolgsfaktoren des Prozesses "Ausbildung" beschreiben die Sicht des Prozessmanagers auf die effizienzbestimmenden, messbaren und beeinflussbaren Elemente des Prozesses: Kosten, Kursbedarf, Qualität und Zeit.

4.3.2   Leistungen und Aufgaben

Der Zusammenhang zwischen den Leistungen und Aufgaben des Prozesses "Ausbildung" ist in Abb. 4.3.2/1 dargestellt:

Aufgaben	Leistungen
Konzeption	Ausbildungskonzept, Jahresplan
Ausbildnerauswahl	Ausbildungsauftrag an Ausbildner
Kursadministration	Ausbildungsprogramm, Kursausschreibung, Anmeldebestätigung, TN-Liste, Seminarort, Dokumentation für TN, Rechnungen
Durchführung der Ausbildung	Wissenstransfer
Evaluation	Auswertung der Ausbildung

Abb. 4.3.2/1:   Leistungen und Aufgaben des Prozesses "Ausbildung"

4.3.3   Stellen und Gremien der Prozessführung

Eine prozessorientierte Führung des Prozesses "Ausbildung" benötigt Stellen und Gremien die den Prozess und seine Verbesserungen planen, verabschieden, umsetzen und kontrollieren. Eine detaillierte Aufgabenbeschreibung der einzelnen Stellen und Gremien ist zu finden bei [Mende, S. 159ff.].

Stellen und Gremien	Prozess "Ausbildung"
Prozessmanager	Ausbildungsleiter
Prozessausschuss	Ausbildungsleiter, Personalleiter, Fachbereichsleiter
Prozesszirkel	Ausbildungsleiter, Ausbildner, Kursteilnehmer (Kunden)
Prozessentwickler	z. B. Leiter Qualität oder Leiter "Unternehmens-entwicklung"

Abb. 4.3.3/1:   Stellen und Gremien der Prozessführung

4.3.4   Führungsgrössen

Abb. 4.3.4/1 gibt einen Überblick über die Führungsgrössen und Checkfragen (mit "CF" versehen) des Prozesses "Ausbildung". Der obere Teil stellt die Instrumente zur Bestimmung der Effektivität des Prozesses dar. Im unteren Teil der Tabelle enthalten die Spalten die Erfolgsfaktoren, die Zeilen die Aufgaben des Prozesses.

Prozess Ausbildung

Effektivität

CF Auftraggeberzufriedenheit

CF Teilnehmerzufriedenheit

Effizienz

KEF Aufgaben	Kosten	Kursbedarf	Qualität	Zeit
Aufgabenüber-greifende FG und CF	Proz. Anteil der Ausbildungs-kosten			
Konzeption		Anzahl Bedarfs-analysen		
Ausbildnerauswahl			CF Ausbildner-qualität	
Kursadministration	Kosten pro Teilnehmertag	Kursauslastung Teilnehmer-Std		Dauer bis zur Kursbestäti-gung
Durchführung der Ausbildung		Kursauslastung Teilnehmer-Std	Ausbildner-koeffizient	Zeit bis zur Umsetzung
Evaluation			Noten-verteilung nach 3 Mten.	Vorbereitungs-tage / Teil-nehmertage

Abb. 4.3.4/1:   Übersichtstafel Prozess "Ausbildung"

Kosten

FG	Prozentualer Anteil der Ausbildungskosten	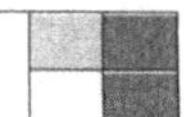

Die Führungsgrösse "Prozentualer Anteil der Ausbildungskosten" beschreibt, welcher Anteil der Gesamtkosten in die Ausbildung investiert wird.

$$\frac{\text{Gesamte Ausbildungskosten}}{\text{Gesamte Org./IT-Kosten}}$$

Spezifikation:
- OE: Ausbildungseinheit und Teilnehmer
- Zeit: z. B. pro Jahr
- Objekt: interne und externe Ausbildung

Gesamte Ausbildungskosten: Die Kosten der für die Ausbildung verantwortlichen OE sowie die Ausfallkosten der Teilnehmer.

Gesamte Org./IT-Kosten: Die Kosten der gesamten Org./IT-Abteilung. Diese Zahl ist mit Vorsicht aufzunehmen, da heute ein Teil der Org./IT-Kosten direkt bei den Fachbereichen anfällt und nicht zu den zentral budgetierten Kosten zugerechnet wird.

Die Ausbildung ist eine Investition in die Mitarbeiter und sollte längerfristig ausgerichtet sein. Ein zu niedriger prozentualer Anteil bedeutet, dass ohne Rücksicht auf die zukünftigen Anforderungen lediglich kurzfristig optimiert wird.

Kosten

FG	Kosten pro Teilnehmertag	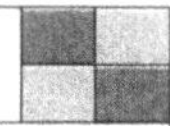

Die Führungsgrösse "Kosten pro Teilnehmertag" beschreibt, wieviel ein Tag Ausbildung pro Teilnehmer kostet.

$$\frac{\text{Gesamte Ausbildungskosten}}{\text{Totale Teilnehmertage}}$$

Spezifikation:
- OE: Ausbildungseinheit
- Zeit: z. B. pro Jahr
- Objekt: interne und externe Ausbildung

Gesamte Ausbildungskosten: s.o.

Totale Teilnehmertage: siehe Führungsgrösse "Teilnehmertage".

Besondere Aufmerksamkeit schenken müssen dieser Führungsgrösse diejenigen Ausbildungsprozesse, die auf die kostengünstige Durchführung von Ausbildungen ausgelegt sind (i. d. R. fachtechnische Ausbildungen).

Beispiel GfAI

Kosten pro Teilnehmertag: Beispiel GfAI

Die GfAI (Gruppe für Angewandte Informatik AG) ist ein Dienstleistungsunternehmen, das Leistungen im Bereich der Prozesse "Entwicklung", "Beratung" und "Ausbildung" auf dem freien Markt anbietet. Die Produkte im Bereich der Ausbildung erwirtschaften ca. 10% des gesamten Umsatzes. Die Kurse, die im Rahmen der GfAI Software-Engineering Ausbildung angeboten werden, umfassen die Bereiche "strukturierte und objektorientierte Verfahren", "Multimedia", "Projekt- und Qualitätsmanagement". Im Jahr werden ca. 40 Kurse mit ca. 350 Kurstagen angeboten. Für den Zeitraum von 1993 bis 1994 hat man den folgenden Berechnungsansatz gewählt:

$$\frac{1'646'900 \text{ SFr.}}{353 \text{ Kurstage} * 8 \text{ TN}} = 583 \text{ SFr.}$$

Die Kosten pro Teilnehmer und Tag beliefen sich während der letzten zwei Jahre auf SFr.. 583.- [Quelle: Firmeninterne Unterlagen].

Kursbedarf

F G	**Anzahl**	
	Bedarfsanalysen	

Die Führungsgrösse "Anzahl Bedarfsanalysen" gibt Auskunft über die Tiefe der Ermittlung des Kursbedarfs seitens der Ausbildungsorganisation.

Anzahl Bedarfsanalysen	Anzahl Bedarfsanalysen: Ist eine Befragung der Fachbereichsleiter bezüglich ihrer Ausbildungswünsche.
Spezifikation: • OE: Ausbildungseinheit • Zeit: z. B. pro Jahr • Objekt: Bedarfsanalysen	

Die Befragung der Fachbereichs- und Org./IT-Manager bezüglich ihrer Ausbildungserfordernisse ist die Grundlage für eine erfolgreiche Ausbildung und bildet den wichtigsten Input für die Ausbildungskonzeption. Durch die Veränderungen der Bereichsstrategien und entsprechend der erforderlichen Skills der Mitarbeiter, muss die Befragung periodisch wiederholt werden.

Beispiel ABB

Beispiel Anzahl Bedarfsanalysen: Beispiel ABB

Die Abteilung PAS der ABB Management AG war bis Ende 1994 für die Management-Schulung innerhalb der ABB verantwortlich. Dabei wurden massgeschneiderte Ausbildungskonzepte sowie die eigentliche Ausbildung angeboten. Im Rahmen der "ISO 9004"- Zertifizierung Mitte 1994 wurden im Ausbildungsprozess der ABB Messgrössen definiert und erhoben.

Eine dieser Messgrössen bezog sich auf die Anzahl Bedarfsanalysen pro Jahr. Der Bedarf an Leistungen der Abteilung PAS wurde bei der ABB durch Befragungen der Fachbereichsverantwortlichen erhoben. Im Rahmen der Befragung wurden die für die Zielerreichung der Fachbereiche relevanten Kompetenzen (z. B. Fachkompetenz, Sozialkompetenz, Strategiekompetenz usw.) nach den Kompetenzdefiziten der Mitarbeiter und nach dem Angebot der Management-Schulung untersucht.

Ziel der Abteilung war es, 1993 und 1994 je 500 Befragungen innerhalb eines Jahres auszuwerten. Für das Jahr 1993 wurde dieses Ziel erreicht. Die Postulierung des Ziels der Messung des Erfüllungsgrades betont die Wichtigkeit der "Kundenbefragungen" und überprüft die Leistungsfähigkeit des Prozesses "Ausbildung" quantitativ [Quelle: Firmeninterne Unterlagen].

Kursbedarf

| F G | Kurs-auslastung | 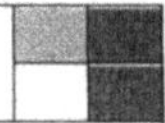 |

Die Führungsgrösse "Kursauslastung" gibt Auskunft darüber, in welchem Ausmass ein Kurs durchschnittlich besetzt ist.

$$\frac{\text{Anzahl Teilnehmer}}{\text{Soll-Anzahl Teilnehmer}}$$

Spezifikation:
- OE: z. B. pro Kurs
- Zeit: z. B. pro Jahr
- Objekt: 1 Kurs oder auch mehrere Kurse

Anzahl Teilnehmer: Anzahl Personen, die an einen Kurs teilnehmen.

Soll-Anzahl Besucher: Anzahl Personen, auf die der Kurs ausgelegt wurde.

Die Soll-Anzahl Besucher stammt aus der Kursplanung und beschreibt, auf wieviele Personen der Kurs ausgelegt wurde. Quellen für diese Grösse sind Erfahrungswerte aus vergangenen Kursen, Kurs-Bedarfsanalysen, Budgetanalysen der Fachbereiche und Ausbildungskonzepte der Kunden. Die Auslastung sollte für alle Ausbildungsveranstaltungen berechnet werden, um damit Hinweise über das Nachfragepotential abzuleiten.

Kursbedarf

| F G | Teilnehmer-stunden |  |

Die Führungsgrösse "Teilnehmerstunden" gibt Auskunft über die gesamte Anzahl durchgeführter Kurse und deren Belegung in Teilnehmerstunden.

$$\Sigma \text{ Kurse } \Sigma \text{ (Teilnehmer * Kursdauer)}$$

Spezifikation:
- OE: Ausbildungseinheit
- Zeit: z. B. pro Jahr
- Objekt: alle Teilnehmer von Ausbildungseinheiten

Teilnehmer: Anzahl Teilnehmer an einem Kurs

Kursdauer: in Tagen

Ziel vieler Ausbildungsprozesse ist die Maximierung der Teilnehmerstunden, da diese Grösse als Indikator für einen erfolgreichen Prozess verwendet wird. Prozesse, die ihr Schwergewicht auf die Beratung, Konzeption und Verhaltensausbildung legen, müssen sich auf andere Effizienzgrössen festlegen.

Qualität

FG	**Ausbildner-koeffizient**

Die Führungsgrösse "Ausbildnerkoeffizient" versucht, die Qualität des Ausbildners aus Sicht der Kunden auszudrücken. Unter Verwendung der Teilnehmer- und Auftraggeberzufriedenheit bedient man sich einer grafischen Darstellung.

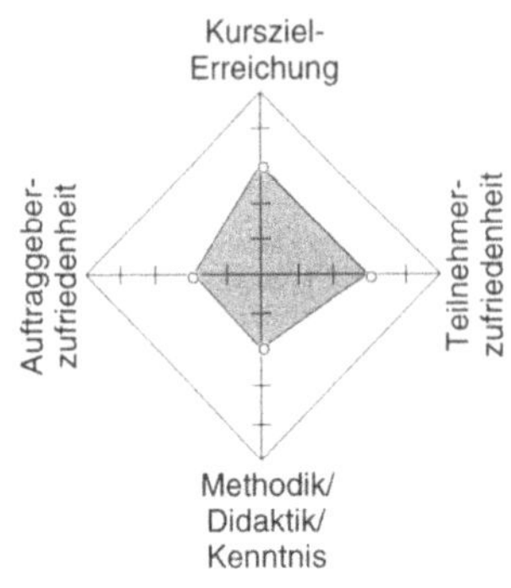

Kurszielerreichung: Das Erreichen des Kursziels wird durch die Teilnehmer nach Abschluss numerisch beurteilt (s. Checkfrage 4, Teilnehmerzufriedenheit).

Teilnehmerzufriedenheit: Wird aus der Teilnehmerumfrage nach der Ausbildung beurteilt (s. Checkfrage 1, Teilnehmerzufriedenheit).

Methodik/Didaktik/Kenntnis: Die Grösse gibt Auskunft über die Fähigkeiten des Ausbildners aus Sicht des Teilnehmers. Sie errechnet sich als Durchschnitt der drei Checkfragen 6, 7 und 8, Teilnehmerzufriedenheit.

Die Auftraggeberzufriedenheit basiert auf Frage 6 der Auftraggeberzufriedenheit

Spezifikation:
- OE: Kursteilnehmer
- Zeit: nach Kursabschluss
- Objekt: Ausbildner

Der Ausbildnerkoeffizient kann für jeden einzelnen Kurs oder auch nach Ablauf einer bestimmten Zeitperiode (z. B. nach einem Jahr) erstellt werden. Ziel sollte es natürlich sein, dass sich die Ausbildner von Ausbildung zu Ausbildung steigern und eine grössere Fläche belegen.

Qualität

FG	**Notenverteilung nach 3 Monaten**

Die Führungsgrösse "Notenverteilung nach 3 Monaten" quantifiziert die Güte der Ausbildung durch eine zweite Befragung der Beteiligten, drei Monate nach Abschluss der Ausbildung. Der zeitliche Abstand sichert, dass die Umsetzbarkeit des vermittelten Wissens beurteilt werden kann.

"sehr gut"	"gut"
# Beurteilungen	# Beurteilungen

"durchschnittlich"	"schlecht"
# Beurteilungen	# Beurteilungen

Beurteilung nach 3 Monaten: Anzahl Nennungen der Frage 1 der Checkfragen zur Teilnehmerzufriedenheit.

Beurteilungen: Anzahl Ausbildungsteilnehmer, welche eine Beurteilung nach 3 Monaten durchgeführt haben.

Spezifikation:
- OE: alle Kursteilnehmer
- Zeit: z. B. 3 Monate nach Kursabschluss
- Objekt: Kursbeurteilungen

Die Führungsgrösse geht von der Annahme aus, dass der Erfolg einer Ausbildung oft erst im Nachhinein beurteilt werden kann. Der Prozess "Ausbildung" sollte zwei Ziele verfolgen, einerseits die Befragung aller Teilnehmer nach 3 Monaten und andererseits eine gute Beurteilung der Ausbildung.

Beispiel ABB

Schlussbeurteilung nach 3 Monaten: Beispiel ABB

Neben einer Bedarfsanalyse bei den Linienvorgesetzten hat die Management-Schulung der ABB zwei weitere Befragungen durchgeführt. Direkt im Anschluss an eine Ausbildung haben die Teilnehmer eine erste Beurteilung abgegeben. Drei Monate später wurden einzelne Teilnehmer nochmals angeschrieben und zu einer weiteren Beurteilung aufgefordert. Die Befragung umfasste Fragen zum Gesamteindruck, Schulungsinhalten, Referenten, Organisation und zur Atmosphäre (siehe Checkfragen zur Teilnehmerzufriedenheit). Ziel dieser nachgelagerten Befragung war es, die durch die Zeit objektivierte Meinung sowie die Relevanz bei der täglichen Arbeit zu erfahren.

Im Rahmen der Zieldefinition wurde für das Jahr 1993 folgendes Ziel vereinbart: 25% aller Seminarbeurteilungen sollten mit "sehr gut", die restlichen 75% mit "gut" ausfallen (gemessen anhand einer Vierer-Skala 1=sehr gut, 2 = gut, 3 = durchschnittlich und 4 = schwach). Im Erhebungszeitraum wurden die Ziele knapp nicht erreicht. Erzielt wurden folgende Ergebnisse: 18% mit der Bewertung "sehr gut", 75% mit der Bewertung "gut" und schliesslich 7% mit der Bewertung "durchschnittlich" [Quelle: Firmeninterne Unterlagen].

Zeit

FG	**Dauer bis zur Kursbestätigung**	

Die Führungsgrösse "Dauer bis zur Kursbestätigung" misst den durchschnittlichen Abstand zwischen der Kursanmeldung und der Bestätigung durch die Ausbildungsorganisation.

Ø (Anmeldezeitpunkt - Bestätigungszeitpunkt)	Anmeldungszeitpunkt: Das Datum, zu welchem die Kursanmeldung (elektronisch oder brieflich) versandt wird.
Spezifikation: • OE: alle Anmeldungen • Zeit: Messung während Kursvorbereitung • Objekt: Kursanmeldungen	Bestätigungszeitpunkt: Das Datum, zu welchem der Kursbesucher eine Bestätigung seines Besuchs erhält.

Ein Ziel der Ausbildungsabteilung ist die Kundenzufriedenheit. Durch eine rasche Bestätigung eines Kurses kann der zukünftige Teilnehmer seine Zeit und Arbeit besser einteilen.

Beispiel ABB

Dauer bis zur Kursbestätigung: Beispiel ABB

Die Geschwindigkeit der Auslieferung der Anmeldebestätigung ist ein wichtiger Indikator für die Effizienz und die Funktionsfähigkeit des Prozesses "Ausbildung". Diese Grösse wies man bei der ABB alle 2 Monate aus; dabei wurde der Versand der Anmeldebestätigungen binnen einer Woche nach Erhalt als Zielvorgabe definiert. Zum Zeitpunkt der Definition der Messgrössen schätzte man diese Zahl mit 50%, was bedeutet, dass nur die Hälfte aller Bestätigungen innerhalb einer Woche versandt wurden. Für die restlichen 50% benötigte man mehr als eine Woche. Seit der Definition der Messgrössen und deren Erhebung (Mai 1993) sind alle Bestätigungen binnen einer Woche, d. h. 100%, versandt worden [Quelle: Firmeninterne Unterlagen]

Zeit

| FG | **Zeit bis Umsetzung** | 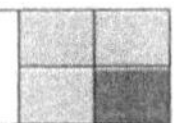 |

Die Führungsgrösse "Zeit bis Umsetzung" misst den durchschnittlichen Abstand zwischen Ausbildung und Wissensanwendung in der Arbeit des Ausbildungsteilnehmers.

Ø (Anwendungszeitpunkt - Ausbildungszeitpunkt)

Spezifikation:
- OE: alle Kursteilnehmer, Kursgruppe oder ganzes Kursangebot
- Zeit: z. B. 1 Jahr nach Abschluss
- Objekt: in Kurs erworbenes Wissen

Anwendungszeitpunkt: Zeitpunkt der Anwendung des neuerworbenen Wissens. Die nachträgliche Evaluation durch den Teilnehmer oder seinen Vorgesetzten (s. Checkfrage 5, Anhang A2.1) sollte hierzu Auskunft geben.

Ausbildungszeitpunkt: Zeitpunkt der Ausbildung.

Ziel dieser Grösse ist es aufzuzeigen, wie die beiden Zeitpunkte (Ausbildung und Anwendung) zueinander in Beziehung stehen. Idealerweise sollte die Ausbildung kurz vor der Anwendung stattfinden (Just-in-Time Ausbildung), um so eine möglichst grosse Wirkung zu erzielen. In der Praxis kann die Formel noch verfeinert werden (z. B. mit einem Gewichtungsfaktor für den konkreten Nutzen bei der Anwendung des erworbenen Wissens).

Zeit

| FG | **Vorbereitungstage/ Teilnehmertage** | 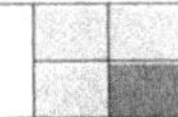 |

Die Führungsgrösse "Vorbereitungstage/Teilnehmertage" gibt Auskunft über das Verhältnis zwischen Aufwand zur Vorbereitung eines Kurses und Kursnachfrage, ausgedrückt durch die Teilnehmertage.

$$\frac{\text{Vorbereitungstage}}{\text{Teilnehmertage}}$$

Spezifikation:
- OE: Ausbildungsabteilung
- Zeit: nach Kursabschluss
- Objekt: pro Kurs

Vorbereitungstage: Anzahl Tage, die für die Vorbereitung eines Kurses aufgewendet werden.

Teilnehmertage: Die Summe der Teilnehmertage pro Kurs.

Der Quotient gibt Einblick in das Verhältnis zwischen Vorbereitung und Durchführung eines Kurses. Er stellt die Effizienz bezüglich der Vorbereitung fest. Längerfristig sollte der Prozessmanager Richtlinien, basierend auf eigenen und fremden Erfahrungen, für den maximalen Aufwand zur Kursvorbereitung festlegen.

Beispiel GfAI

Vorbereitungstage/Teilnehmertage: Beispiel GfAI

Die GfAI veranstaltet durchschnittlich 350 Kurstage im Jahr. Für Kursentwicklung, Review und Rehearsal werden ungefähr 530 Personentage im Jahr benötigt.

Die Führungsgrösse berechnet sich wie folgt:

$$\frac{530}{350} = 1.51$$

Die GfAI verwendet für die Kursentwicklung ca. 1.5 mal soviel Zeit wie für die eigentlichen Kurstage [Quelle: Firmeninterne Unterlagen].

4.3.5   Checkfragen

Effektivität

C F	Auftraggeber-zufriedenheit
Zweck	Die Fachbereichs- und Org./IT-Verantwortlichen sowie die Mitarbeiter selber sind für die Ausbildung verantwortlich. Der Auftraggeber der Ausbildung muss den Erfolg der Ausbildung beurteilen. Die Beurteilung muss nachweisen, ob die Ausbildung einen Einfluss auf den Teilnehmer hat und ob der Teilnehmer durch das neue Wissen besser in der Lage ist, seine Ziele zu erreichen.
Wer	Auftraggeber
Wann	Nach einer gewissen Zeitspanne (z. B. nach 3 Monaten)
Wie	Schriftlich, siehe Anhang A2.1
Hinweise	Die Ergebnisse der Befragung zur Auftraggeberzufriedenheit sollten mehrfach verwendet werden. Sie sollen die Vergangenheit im Sinne von "Haben wir es richtig gemacht?" prüfen und nebst den Bedarfs-analysen zusätzliche Hinweise für die Zukunft geben.

Effektivität

C F	Teilnehmer-zufriedenheit
Zweck	Die Befragung zur Teilnehmerzufriedenheit verfolgt das Ziel, den Erfolg der Ausbildung zu prüfen.
Wer	Alle Ausbildungsteilnehmer sollten befragt werden.
Wann	Die Befragung sollte zweimal durchgeführt werden; direkt nach Abschluss des Kurses und nach einer bestimmten Zeitspanne (z. B. nach 3 Monaten).
Wie	Schriftlich, siehe Anhang A2.2
Hinweise	Die Ergebnisse der Befragung können vielfältig eingesetzt werden. So können gewisse Teile (z. B. Referentenbeurteilung) zur Bildung des Ausbildnerquotienten verwendet werden. Gewisse Unterneh-men machen einen Teil der Entlöhnung der Ausbildner abhängig von den Beurteilungen der Teilnehmer.

Qualität

C F	Ausbildner-qualität
Zweck	Grundsätzlich sollten die Kursteilnehmer die Ausbildnerqualität beurteilen. Bei der Einstellung eines Ausbildners sollte der Prozessmanager dies anhand der Checkfragen berücksichtigen.
Wer	Gespräche zwischen dem Prozessmanager und dem Ausbildner
Wann	Regelmässig
Wie	Schriftlich, siehe Anhang A2.3
Hinweise	Es ist wichtig, dass die Ergebnisse dieser Checkliste mit den Beurteilungen der Kursteilnehmer abgeglichen und allfällige Differenzen bereinigt werden. Die Auswertung kann im Sinne eines Profils oder durch die Vergabe von numerischen Werten für die Antworten erfolgen. Die Beobachtung der Ergebnisse über mehrere Betrachtungsperioden kann sehr aufschlussreich sein.

4.4 Beratung

Der Prozess "Beratung" entwickelt Lösungsvorschläge zu technischen und organisatorischen Problemen eigener wie auch anderer Organisationseinheiten und hilft bei deren Umsetzung. Der Auftraggeber verwendet die Lösungsvorschläge als Entscheidungsgrundlage. Beispiele für IT-Beratungsprojekte sind die Unterstützung bei der Entwicklung von Strategien, bei der Neuorganisation des Betriebs oder die Einführungsunterstützung für ein neues Software-Produkt.

4.4.1 Effektivität und Effizienz

Effektivität

Die Effektivität des Beratungsergebnisses wird bestimmt durch die Eigenschaften der Beratungsleistung, die sich auf die Erfüllung der Anforderungen der Klientorganisation beziehen. Durch den zum Teil grossen Abstand zwischen Beratungsleistung und Eintritt einer messbaren Wirkung sowie durch den Einfluss externer Faktoren (z. B. gesamtwirtschaftliche Schwankungen), ist die objektive Messung eines Nutzens der Beratung aus der Sicht des Klienten (z. B. grösserer Umsatz) stark erschwert. Die Effektivität bleibt immer eine subjektive Beurteilung des Klienten [vgl. beispielsweise Althaus, S. 79f., Kubr, S. 201ff., Hofmann/Hlawacek, S. 428f., Kienbaum/Meissner, S. 116].

Effizienz

Folgende kritischen Erfolgsfaktoren dienen einer ersten Beurteilung der Effizienz des Prozesses "Beratung": Image, Know-how, Kosten, Qualität und Zeit. Eine vertiefte, auf die besonderen Umstände des Klienten eingehende Ableitung von Erfolgsfaktoren kann zusätzlich durchgeführt werden.

4.4.2 Leistungen und Aufgaben

Der Zusammenhang zwischen den Leistungen und Aufgaben des Prozesses "Beratung" ist in Abb. 4.4.2/1 dargestellt.

Aufgaben	Leistungen
Kontaktaufnahme, Problemabgrenzung und Durchführungsplanung	Grobplan, Vorgehensweise
Beratungsvertrag abschliessen	Beratungsvertrag
Informationsbeschaffung und -verarbeitung	Grundlagen
Generierung und Bewertung von Lösungsalternativen	Alternative Lösungskonzepte, Beurteilung alternativer Lösungskonzepte
Ergebnispräsentation	Zwischenergebnisse, Beratungsempfehlung
Implementierung	Umsetzung der Beratungsempfehlungen
Ausstieg und Ergebniskontrolle	Schlussbeurteilung

Abb. 4.4.2/1:   Leistungen und Aufgaben des Prozesses "Beratung"

4.4.3   Stellen und Gremien der Prozessführung

Abb. 4.4.3/1 stellt die Stellen und Gremien vor, die für die Führung des Prozesses "Beratung" benötigt werden.

Stellen und Gremien	Prozess "Beratung"
Prozessmanager	Beratungsabteilungsleiter
Prozessausschuss	Beratungsabteilungsleiter, Fachbereichsleiter, Beratungsprojektleiter
Prozesszirkel	Projektleiter, Berater, Kunden, Organisatoren
Prozessentwickler	Controlling-Stelle, Knowledge Manager o.ä.

Abb. 4.4.3/1:   Stellen und Gremien der Prozessführung

4.4.4   Führungsgrössen

Abb. 4.4.4/1 gibt einen Überblick über die Führungsgrössen und Checkfragen (mit "CF" versehen) des Prozesses "Beratung". Der obere Teil stellt die Instrumente zur Bestimmung der Effektivität des Prozesses dar. Im unteren Teil der Tabelle enthalten die Spalten die Erfolgsfaktoren, die Zeilen die Aufgaben des Prozesses.

Prozess Beratung

Effektivität

CF Klientenzufriedenheit

Effizienz

KEF / Aufgaben	Image	Know-how	Kosten	Qualität	Zeit
Aufgaben-übergreifende FG und CF		Berater-Erfahrung	Kosten-abweichung	Einschalt-intensität Anz. Besuche	Termintreue Durchlaufzeit
Kontaktaufnahme Problemdiagnose Vorgehensplan.	CF Image			Follow-up-Aufträge	
Beratungsvertrag abschliessen			Weiterver-rechenbarer zeitl. Aufwand	Follow-up-Aufträge	
Informations-beschaffung und -verarbeitung					
Generierung und Bewertung von Alternativen					
Ergebnispräs.	CF Image				
Implementierung					
Ausstieg und Ergebniskontrolle			Weiterver-rechenbarer zeitl. Aufwand	CF Berater-leistung	

Abb. 4.4.4/1:   Übersichtstafel Prozess "Beratung"

Know-how

FG	Berater- erfahrung

Die Führungsgrösse "Beratererfahrung" beschreibt, wieviel Erfahrung auf dem zu bearbeitenden Gebiet vorhanden ist.

$$\Sigma \text{ (Erfüllungsstufen * prozentuale Beteiligung)}$$

Spezifikation:
- OE: Beratungsteam
- Zeit: nach Projektabschluss
- Objekt: Berater

Die Erfüllungsstufe beschreibt, wieviel Erfahrung der Berater auf dem zu bearbeitenden Gebiet hat.

Die prozentuale Beteiligung normiert die Erfüllungsstufe durch die gewichtete Projektbeteiligung.

Analog dem Prozess "Skill-Management" und dem Referenzwerk über die Berufe der Wirtschaftsinformatik [SVD/VDF, S. 31ff.] sind die folgenden fünf Anforderungs- bzw. Erfüllungsstufen pro benötigtem Skill vorhanden:

- 1 = Grundkenntnisse

- 2 = vertiefte Grundkenntnisse

- 3 = gute Kenntnisse

- 4 = sehr gute Kenntnisse

- 5 = Beherrschung

Die Führungsgrösse geht davon aus, dass an einem Kundenprojekt mehrere Berater beteiligt sind. Die Erfahrung des Projektteams resultiert aus dem gewichteten Durchschnitt der Erfüllungsstufen der einzelnen Berater.

Beispiel
Beratungs-
firma XYZ

Beratererfahrung: Beispiel Beratungsfirma XYZ (fiktiver Case)

Die Beratungsfirma XYZ ist auf den Bereich "Einführung von CASE-Werkzeugen" spezialisiert. Im Beratungsprojekt ABC soll das CASE-Werkzeug bei einem Kunden aus der Industrie eingeführt werden. Die Firma XYZ will drei Berater einsetzen:

Berater	Erfüllungsstufe	Prozentuale Beteiligung
Hans Meier	4 = sehr gute Kenntnisse	30%
Fritz Marty	2 = vertiefte Kenntnisse	40%
Franz Buser	3 = gute Kenntnisse	30%

Die Führungsgrösse "Beratererfahrung" auf dem Gebiet von IEF-Einführungen wird folgendermassen berechnet: (4 * 0.3) + (2 * 0.4) + (3 * 0.3) = 2.9.

Kosten

FG	Weiterverrechenbarer zeitlicher Aufwand		

Die Führungsgrösse "Weiterverrechenbarer zeitlicher Aufwand" misst den prozentualen Anteil der Beraterzeit, der dem Kunden weiterverrechnet wird.

$$\frac{\text{Weiterverrechenbarer zeitlicher Aufwand}}{\text{Monatliche Arbeitszeit}}$$

Spezifikation:
- OE: Berater
- Zeit: z. B. pro Monat
- Objekt: zeitlicher Aufwand

Weiterverrechenbarer zeitlicher Aufwand: Aufwand pro Berater pro Monat, der dem Klienten weiterverrechnet wird.

Monatliche Arbeitszeit: Anzahl Arbeitsstunden pro Monat.

Der weiterverrechenbare zeitliche Aufwand quantifiziert die verrechenbare Auslastung des Beraters. Viele Tätigkeiten - wie beispielsweise die Akquisition - fliessen nicht in diese Führungsgrösse ein.

Beispiel KPMG

Weiterverrechenbarer zeitlicher Aufwand: Beispiel KPMG Unternehmensberatung GmbH

Die KPMG Unternehmensberatung GmbH ist eine Beratungsgesellschaft mit Sitz in Frankfurt. Sie beschäftigt ca. 550 Berater an ihrem Hauptsitz. Die Unternehmensberatung deckt alle Bereiche der Beratung ab.

Die 550 angestellten Berater innerhalb der Unternehmensberatung sind in 12 Kategorien eingeteilt, wobei der Vorstand und die Geschäftsführung die Stufen 13 bis 16 darstellen. Im jährlichen Mitarbeitergespräch werden die fachlichen Zielsetzungen bewertet und für das kommende Jahr neu festgelegt. Dabei wird für jeden Mitarbeiter eine Zeitaufstellung in Stunden erstellt. Ein zu 100% angestellter Mitarbeiter hat ca. 2000 Arbeitsstunden pro Jahr zur Verfügung. Gemäss nachfolgender Grafik lassen sich die erwarteten weiterverrechenbaren Stunden pro Beraterstufe ablesen.

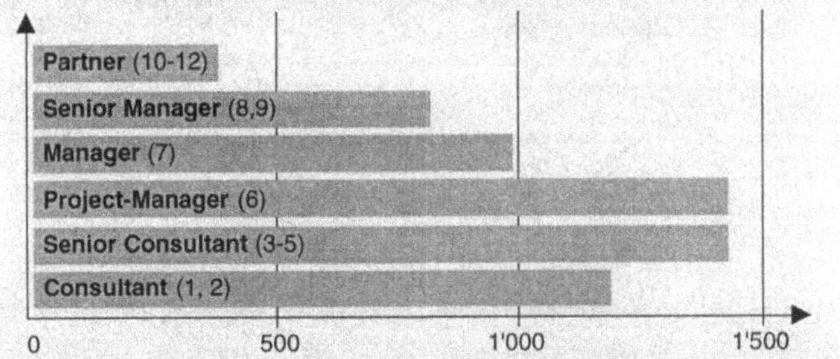

Die Differenz zwischen der Jahresarbeitszeit und dem weiterverrechenbaren zeitlichen Aufwand wird möglichst effizient für die Weiterbildung, Akquisition, Personalführung und Administration verwendet.

In der Regel erfüllen ca. 75% aller Mitarbeiter ihre Ziele.

Kosten

FG	Kosten- abweichung	

Die Führungsgrösse "Kostenabweichung" misst die Kosteneinhaltung durch den Berater und kann als Frühindikator für die Projektrentabilität dienen.

Soll-Projektkosten

Ist-Projektkosten

Spezifikation:
- OE:　　Berater oder Beratungsteam
- Zeit:　　zum Erhebungszeitpunkt
- Objekt: 1 Beratungsprojekt

Soll-Projektkosten: Die bis zum Zeitpunkt der Messung vertraglich vereinbarten Kosten.

Ist-Projektkosten: Seit Beginn des Projekts angefallene Kosten sowie die noch erforderlichen Kosten, um die zum Erhebungszeitpunkt fälligen Ergebnisse zu erarbeiten.

Die Kostenabweichung hängt zum grossen Teil von den aufgewendeten Beratungsstunden ab. Eine Überschreitung der vertraglich fixierten Kosten wird oft durch den Beratungsprozess selber finanziert. Die Kostenabweichung kann aber gerechtfertigt sein bei Projekten mit einer hohen Weiterbildungskomponente für die Berater.

Qualität

FG	Einschaltintensität der Berater und Klienten	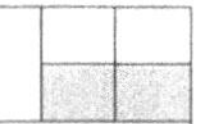

Die Führungsgrösse "Einschaltintensität" misst die Beteiligung von Klient und Berater an den einzelnen Aufgaben. Empirische Untersuchungen [siehe Hofmann/Hlawacek, S. 423ff.] haben gezeigt, dass der Beratungserfolg höher bewertet wird, wenn der Klient intensiv am Projekt beteiligt ist.

Klientenaufwand

Berateraufwand

Spezifikation:
- OE:　　Beratungsteam
- Zeit:　　z. B. pro Monat
- Objekt: 1 oder mehrere Projekte

Klientenaufwand: Anzahl Stunden, die Mitarbeiter aus der Klientorganisation in das Beratungsprojekt investieren.

Berateraufwand: Anzahl Stunden, welche die Berater investieren .

Die Einschaltintensität in einem Beratungsprojekt unterstützt die Qualität, den Know-how-Transfer und die Ausbildung in der Klientenorganisation.

Beispiel IMG

Einschaltintensität: Beispiel Information Management Gesellschaft

Die Information Management Gesellschaft (IMG) ist eine Beratungsgesellschaft mit 40 Mitarbeitern und Sitz in St. Gallen. Momentan existieren zwei Geschäftsbereiche: die Einführung von SAP sowie das Business Process Redesign. Im ersten Geschäftsbereich werden vor allem Entwicklungs- und Transferleistungen angeboten. Die SAP-Projekte umfassen in der Regel die Erstellung eines Einführungskonzepts (Entwicklungsleistung) sowie die Unterstützung beim Customizing der Software auf die Klientorganisation (Transferleistungen). Zwei sehr gut dokumentierte Projekte aus der Textil- und der Lederverarbeitungsindustrie haben folgende Intensitäten ergeben:

Projekt	Klientenaufwand	Berateraufwand	Intensität
1	42 Personenjahre	2.5 Personenjahre	16.8
2	20 Personenjahre	5 Personenjahre	4.0

Aus oben dargestellten Beispielen wurde für die Einschaltintensität bei der Einführung von SAP folgende allgemeine Obergrenze definiert: Für eine erfolgreiche Einführung von SAP muss der Klient mindestens zweimal soviel Zeit in das Projekt investieren wie die Berater der IMG.

Qualität

FG   Anzahl Kundenbesuche
pro Zeiteinheit

Die Führungsgrösse "Anzahl Kundenbesuche pro Zeiteinheit" gibt einen Hinweis auf die Kundenorientierung der Beratung.

Anzahl Kundenbesuche	Anzahl Kundenbesuche pro Zeiteinheit: Anzahl Beratungsbesuche beim Kunden im Rahmen eines Projekts.

Spezifikation:
- OE: Beratungsteam
- Zeit: z. B. pro Monat, pro Jahr
- Objekt: Besuche, Anrufe, ...

Die intensive Auseinandersetzung mit dem Kunden, seinen Anliegen und Problemen ist eine Voraussetzung für den erfolgreichen Abschluss eines Beratungsprojekts und zugleich auch für die Gewinnung neuer Aufträge.

Die Verteilung der Besuche wird sich bei einem Projekt ohne Implementationsaufgabe auf die vorderen Aufgaben (Problemdiagnose und Informationsbeschaffung), bei Implementationsprojekten auf die späteren Phasen des Projektes konzentrieren.

Qualität

| FG | Prozentualer Anteil an Follow-up-Aufträgen |

Die Führungsgrösse "Prozentualer Anteil an Follow-up-Aufträgen" gibt Auskunft über die Qualität der Beratung. Es wird davon ausgegangen, dass nur aus qualitativ hochstehenden Projekten Follow-up-Aufträge resultieren.

$$\frac{\text{Auftragsvolumen von bestehenden Kunden}}{\text{Totales Auftragsvolumen}}$$

Spezifikation:
- OE: Berater oder Beratungsteam
- Zeit: pro Jahr
- Objekt: Aufträge

Auftragsvolumen von bestehenden Kunden: Momentanes Auftragsvolumen von bestehenden Kunden.

Total Auftragsvolumen: Gesamtes Auftragsvolumen.

Die Menge von Follow-up-Aufträgen ist ein wichtiger Indikator für die Qualität und Zufriedenheit der Kunden. Projekte, die als Folgeaufträge akquiriert werden, sind aufgrund der bereits vorhandenen Kenntnisse über die Klientorganisation und Kontakte innerhalb dieser in der Regel zielgerichteter abwickelbar .

Zeit

| FG | Termin-treue |

Die Führungsgrösse "Termintreue" gibt Auskunft über die Abweichung zwischen dem geplanten und effektiven zeitlichen Aufwand.

$$\frac{\text{Soll-Projektdauer}}{\text{Ist-Projektdauer}}$$

Spezifikation:
- OE: Berater oder Beratungsteam
- Zeit: Erhebungszeitpunkt
- Objekt: Beratungsprojekt

Soll-Projektdauer: Der bei der Auftragsvergabe vereinbarte zeitliche Aufwand am Erhebungszeitpunkt.

Ist-Projektdauer: Zeitdauer seit Beginn des Projektes sowie die Zeit, die erforderlich ist, um die bis zum Erhebungszeitpunkt fälligen Ergebnisse zu erarbeiten.

Bei der Berechnung der Führungsgrösse muss die aufgewendete Zeit der beteiligten Mitarbeiter aus der Klientorganisation berücksichtigt werden. Diese Führungsgrösse kann für das Projekt als Ganzes oder auch für die einzelnen Meilensteine verwendet werden.

Zeit

FG	Durchlauf-zeit (DLZ)		
	Die Führungsgrösse "Durchlaufzeit" gibt Auskunft über die Geschwindigkeit der Leistungserstellung. Der Prozesskunde wünscht eine schnelle Auslieferung.

Ø (Zeitpunkt der Ergebnis-präsentation - Auftragszeitpunkt)

Spezifikation:
- OE: Berater oder
          Beratungsteam
- Zeit: -
- Objekt: 1 Beratungsprojekt

Zeitpunkt der Ergebnispräsentation: Zeitpunkt, zu welchem die Ergebnisse des Projektes vorgestellt werden.

Auftragszeitpunkt: Zeitpunkt, zu welchem der Beratungsprozess den Projektauftrag erhält.

Bei der Berechnung der Führungsgrösse müssen sowohl genauer Start- als auch Endzeitpunkt des Projektes bekannt sein. Diese Führungsgrösse kann für das Projekt als Ganzes oder auch für die einzelnen Meilensteine verwendet werden.

4.4.5   Checkfragen

Effektivität

CF	Klienten-zufriedenheit
Zweck	Die Beurteilung der Beratungsleistung beruht auf einem Bewertungsbogen von Pinder/McAdam [Pinder/McAdam, S. 210]. Ziel der Bewertung ist es, die Kundenzufriedenheit des Klienten zu erheben. Die Fragen beziehen sich auf den gesamten Prozess inklusive des Kostenaspekts.
Wer	Klient oder andere beteiligte Mitarbeiter aus der Klientorganisation
Wann	Nach Abschluss des Projektes
Wie	Schriftlich, siehe Anhang A3.1
Hinweise	Die Beurteilung des Klienten sollte bei der Auswertung am stärksten gewichtet werden. Die Beurteilung der Mitwirkenden kann zusätzliche Hinweise geben. Mit Hilfe der Auswertung können Verbesserungen für die zukünftigen Projekte abgeleitet werden.

Image

CF	Image
Zweck	Das Ansehen des Beratungsprozesses aus Sicht der Kunden ist für das Überleben des Prozesses sehr wichtig.
Wer	Externe, vorzugsweise potentielle Kunden
Wann	Jederzeit
Wie	Schriftlich mit Rücksprache, siehe Anhang A3.2
Hinweise	Die Ergebnisse sollten zur Positionierung des Prozesses verwendet werden. Dabei kann es vorkommen, dass kleinere oder grössere Änderungen am Ansehen angestrebt werden müssen.

Qualität

C F	Berater- leistung		
Zweck	Das Ziel der Checkfragen ist die Erhebung der Leistungen des Beraters nach Abschluss eines Projekts. Die Befragung kann auch zur allgemeinen Einschätzung der Mitarbeiter, beispielsweise vorgängig zu Mitarbeitergesprächen, verwendet werden.		
Wer	Vorgesetzte der Berater oder eine Selbsteinschätzung durch den Berater		
Wann	Nach Abschluss eines Projekts		
Wie	Schriftlich, siehe Anhang A3.3		
Hinweise	Die Ergebnisse sollten zur Beurteilung und Führung des Mitarbeiters verwendet werden. Vielfach dienen die Beurteilungen der Abschätzung des Potentials für eine Beförderung.		

4.5   Betrieb

Der Prozess "Betrieb" ist dafür verantwortlich, dass die durch den Prozess "Entwicklung" erstellten und zugekauften Applikationen [siehe Österle 1995, S. 60] auf der informationstechnischen Infrastruktur ablaufen.

4.5.1   Effektivität und Effizienz

Effektivität

Die Effektivität des Prozesses "Betrieb" ist vor allem während der Definition des Leistungsniveaus ("Service Level Agreement") ausschlaggebend. "Fourth, top performers use various forms of service agreements to institutionalize and specify provider and user expectations and responsbilities. These agreements also help companies measure and monitor performance and develop timely tracking systems and credible channels for feedback [Fleischer/Patel, S. 98]. Der Prozessmanager muss die wertsteigernden Aspekte des Prozesses "Betrieb", z.B. Kapazität, als solche darstellen und in Zusammenhang mit der Effizienz bringen. Während der täglichen Produktion ist die Effektivität nur geringfügig beeinflussbar. Der Prozess "Betrieb" führt die Transaktionen aus, welche die Prozesskunden aufrufen.

Effizienz

Im Bereich der Transaktionsverarbeitung ist die Effizienz von wesentlich grösserer Bedeutung. Um dieser Diskrepanz gerecht zu werden, wird im Rahmen der Befragung zur Effektivität auf eine generelle Beurteilung des Betriebs aufgebaut; somit besteht eine Auftraggebersicht auf die wesentlichen beeinflussbaren Faktoren im Prozess "Betrieb". Die aufgeführten FG und CF beschreiben den Prozess "Betrieb" aus einer betriebswirtschaftlichen Perspektive. Viele technische Feinheiten sind absichtlich nicht berücksichtigt worden.

Aus Sicht des Prozessmanagers und zwecks Ableitung von Führungsgrössen und Checkfragen werden folgende kritischen Erfolgsfaktoren näher erläutert: Flexibilität, Kosten, Sicherheit und Zeit

[Auswahl in Anlehnung an Haufs, S. 40ff. und Moll, S. 140ff.]. Die Bedeutung der Erfolgsfaktoren oder ihre Gewichtung untereinander hängt im wesentlichen von der verfolgten Strategie ab.

4.5.2 Leistungen und Aufgaben

Der Zusammenhang zwischen den Leistungen und Aufgaben des Prozesses "Betrieb" ist in Abb. 4.5.2/1 dargestellt:

Aufgaben	Leistungen
Betriebsplanung und -kontrolle	Batch Job Planung
Transaktions- verarbeitung	Erledigte Transaktionen, Aktualisierte Daten
Datenhaltung	Verfügbarkeit von Daten
Benutzerunterstützung	Help-Desk Lösungen
Ausgabe	Listen

Abb. 4.5.2/1:   Leistungen und Aufgaben des Prozesses "Betrieb"

4.5.3 Stellen und Gremien der Prozessführung

Folgende Stellen und Gremien werden bei der Führung des Prozesses "Betrieb" benötigt:

Stellen und Gremien	Prozess "Betrieb"
Prozessmanager	RZ-Leiter
Prozessausschuss	RZ-Leiter, Org./IT-Verantwortliche, Fachbereichsleiter
Prozesszirkel	RZ-Leiter, Help-Desk Mitarbeiter, Operatoren, Entwickler, Benutzer (Kunden), Sicherheitsbeauftragte
Prozessentwickler	z. B. Vertreter Abteilung "Betriebsorganisation"

Abb. 4.5.3/1:   Stellen und Gremien der Prozessführung

4.5.4 Führungsgrössen

Abb. 4.5.4/1 gibt einen Überblick über die Führungsgrössen und Checkfragen (mit "CF" versehen) des Prozesses "Betrieb". Der obere Teil stellt die Instrumente zur Bestimmung der Kundenzufriedenheit des Prozesses dar. Im unteren Teil der Tabelle wird die Effizienz des Prozesses untersucht; dabei enthalten die Spalten die Erfolgsfaktoren, die Zeilen die Aufgaben des Prozesses.

Prozess Betrieb

Effektivität

CF Auftraggeberzufriedenheit

CF Help-Desk Beurteilung

Effizienz

KEF Aufgaben	Flexibilität	Kosten	Sicherheit	Zeit
Aufgabenübergreifende FG und CF	Freie Kapazität	Kosten pro Prozess	Sicherheitsprobleme pro Zeiteinheit	Antwortzeit Verfügbarkeit
Betriebsplanung und -kontrolle		Gesamtkosten der Sicherheit Marktkostenabweichung	CF Sicherheitsmanagement	
Transaktions-Verarbeitung		Kosten pro Transaktion		
Datenhaltung		Kosten der Datenhaltung		
Benutzerunterstützung	Problemarten nach Typ			Reaktionsgeschwindigkeit bei Problemen
Ausgabe		Kosten der Ausgabe		

Abb. 4.5.4/1:   Übersichtstafel Prozess "Betrieb"

Flexibilität

| **F G** | **Freie Kapazität** | 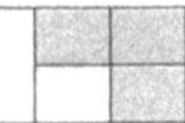 |

Die Führungsgrösse "Freie Kapazität" gibt Auskunft über die frei verfügbaren Kapazitäten im Bereich des Prozesses "Betrieb".

$$\frac{\text{Freie Kapazität}}{\text{Gesamte Kapazität}}$$

Spezifikation:
- OE: -
- Zeit: z. B. pro Monat
- Objekt: einzelne Infrastrukturkomponenten: z. B. CPU, DASD, ...

Freie Kapazität: Nicht ausgelastete, freie Kapazitäten.

Gesamte Kapazität: Die total zur Verfügung stehende Kapazität in den Bereichen CPU, DASD und Bandspeicher.

Die Führungsgrösse "Freie Kapazität" lehnt sich an eine Führungsgrösse von Haufs an [siehe Haufs, S. 147f.]. Haufs schlägt weitere Führungsgrössen im Bereich der Flexibilität vor, so beispielsweise die "Möglichkeit der Kapazitätserweiterung", die "Einmaligen Anpassungskosten der Kapazitätserweiterung", die "Möglichkeit des Kapazitätsabbaus" sowie die "Einmaligen Anpassungskosten des Kapazitätsabbaus". Die Spezifikation dieser Führungsgrösse muss sehr sorgfältig durchgeführt werden.

Flexibilität

| **F G** | **Problemarten nach Typ** | 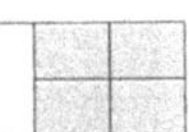 |

Die Führungsgrösse "Problemarten nach Typ" gibt Auskunft über Arten von Problemen die bei den Kunden des Prozesses "Betrieb" auftreten. Voraussetzung für die Erhebung ist eine vorgängige Klassifikation nach Problemtypen.

Probleme nach Problemtyp

Spezifikation:
- OE: -
- Zeit: z. B. pro Monat
- Objekt: Problemeingänge beim Help-Desk

Problemtypen: Arten von Problemen im Zusammenhang mit dem Prozess "Betrieb"

Anzahl eingegangene Problemmeldungen zu einem bestimmten Typ.

Diese Auswertung kann wertvolle Hinweise für die Aus- und Weiterbildung der Mitarbeiter, aber auch für die Problembehebung geben [vgl. Czegel, S. 211].

Beispiel Help-
Desk

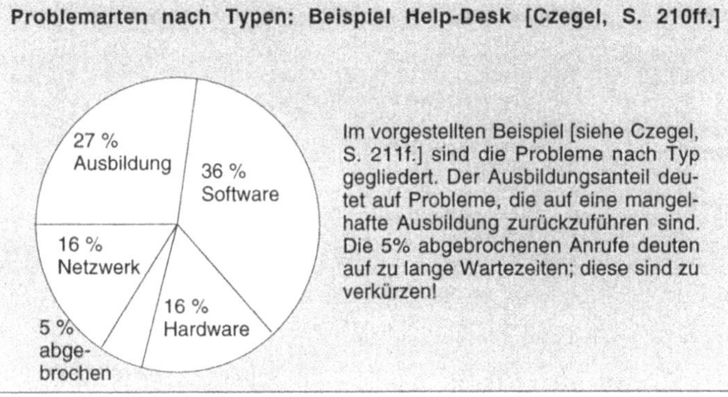

Im vorgestellten Beispiel [siehe Czegel, S. 211f.] sind die Probleme nach Typ gegliedert. Der Ausbildungsanteil deutet auf Probleme, die auf eine mangelhafte Ausbildung zurückzuführen sind. Die 5% abgebrochenen Anrufe deuten auf zu lange Wartezeiten; diese sind zu verkürzen!

Kosten

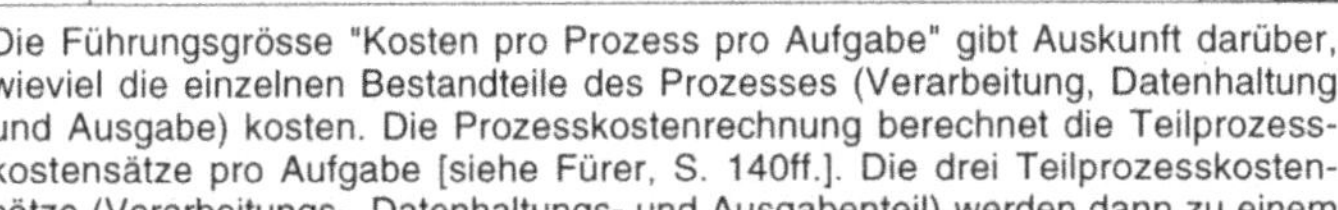

FG	Kosten pro Prozess pro Aufgabe

Die Führungsgrösse "Kosten pro Prozess pro Aufgabe" gibt Auskunft darüber, wieviel die einzelnen Bestandteile des Prozesses (Verarbeitung, Datenhaltung und Ausgabe) kosten. Die Prozesskostenrechnung berechnet die Teilprozesskostensätze pro Aufgabe [siehe Fürer, S. 140ff.]. Die drei Teilprozesskostensätze (Verarbeitungs-, Datenhaltungs- und Ausgabenteil) werden dann zu einem Kostensatz pro Prozess addiert .

> Kosten der Verarbeitung
> + Kosten der Datenhaltung
> + Kosten der Ausgabe

Spezifikation:
- OE: -
- Zeit: z. B. pro Monat
- Objekt: informatikunterstützte Prozessteile

Kosten pro Prozess: Die Kosten beschreiben, wieviel die Durchführung der Transaktion kostet.

Diese Führungsgrösse beschreibt die Org./IT-Kosten eines Prozesses. Weitere Kosten fallen beispielsweise auch im Fachbereich an. Die Erhebung dieser Grösse kann z. B. mit Hilfe der Prozesskostenrechnung [siehe Fürer, S. 119ff.] erfolgen.

Beispiel
Börsen-
geschäft

Kosten pro Prozess: Beispiel Börsengeschäft

Im Rahmen der Dissertation von Fürer [siehe Fürer, S. 119ff.] wurde eine Prozesskostenrechnungsmethode definiert und in einer schweizerischen Grossbank verifiziert. Zur Erläuterung der Führungsgrösse "Prozesskosten pro Aufgabe" griff man einen Geschäftsvorfall heraus (Börsengeschäft) und rechnete ihn exemplarisch durch. Die im Beispiel aufgeführten Zahlen gehen von den Betriebskosten des Rechenzentrums im Rahmen von SFr. 100 Mio. aus. Das Kostenvolumen und die Mengenangaben sind fiktiv, entsprechen aber in ihren Relationen tatsächlichen Gegebenheiten.

Bei der Prozesskostenrechnung definiert man pro Aktivitätszentrum (Verarbeitung, Datenhaltung und Ausgabe) einen Cost Driver. Die im Aktivitätszentrum geplanten Betriebskosten werden durch die gesamte Cost Driver-Menge dividiert, daraus resultieren die Kosten für den Bezug einer Einheit des Cost Drivers.

1. Aktivitätszentrum "Verarbeitung"

Im Aktivitätszentrum "Verarbeitung" sind die Inputs/Outputs (I/O) pro Transaktion zum Cost Driver erhoben worden. Der Teilprozesskostensatz wird folgendermassen ermittelt:

$$\frac{\text{Geplante Betriebskosten Verarbeitung}}{\text{Geplante Gesamt-Cost-Driver-Menge}} = \frac{51'000'000 \text{ SFr.}}{1'020'000'000 \text{ I/O}} = 0.05 \text{ SFr. pro I/O}$$

Daraus ergibt sich der Kostensatz pro I/O.

Transaktion	I/Os pro Transaktion	Teilprozess-kostensatz (SFr.)
BO11	28	1.40
BO03	12	0.60
WI08	26	1.30
WS13	4	0.20
Rest-Transaktion	2	0.10
Rest-Transaktion	2	0.10

2. Aktivitätszentrum "Datenhaltung"

Im Aktivitätszentrum "Datenhaltung" ist die Anzahl der Speicherbytes pro Applikation zum Cost Driver erhoben worden. Der Teilprozesskostensatz wird folgendermassen ermittelt:

$$\frac{\text{Geplante Betriebskosten Datenhaltung}}{\text{Geplante Gesamt-Cost-Driver-Menge}} = \frac{23'000'000 \text{ SFr.}}{230'000'000 \text{ I/O}} = 0.10 \text{ SFr. pro I/O}$$

Daraus ergibt sich der Kostensatz pro Speicherbytekonsum.

Appl.	Speicher-bytes (Total)	Plan-prozess-menge	Speicher-bytes pro Prozess	Teilprozess-kostensatz (SFr.)
Börse	8'100'000	900'000	9	0.90

3. Aktivitätszentrum "Ausgabe"

Im Aktivitätszentrum "Ausgabe" sind drei unterschiedliche Cost Driver pro Sub-Aktivitätszentrum (Druck, Versand, Archivierung) definiert worden. Die Teilprozesskostensätze sind folgendermassen definiert:

Sub-Aktivitätszentrum	Druck	Versand	Archivierung
Cost Driver	Druckseite	Portokategorie (Inland A)	Auftrag + verfilmte Seite
Teilprozess-kostensatz	0.14	0.90	0.12 + 0.01x

4. Prozesskosten pro Börsenauftrag

Aktivitäts-zentrum	Teilprozesse	Teilprozess-kostensätze (SFr.)
Verarbeitung	s. o.	3.90
Datenhaltung	s. o.	0.90
Ausgabe	- Druck (1 Formularseite)	0.23
	- Versand (1 Umschlag)	0.90
	- Archivierung (1 Seite verfilmt)	0.01
	- Anteil Verfilmungsauftrag	0.12
Total		6.06

Bei einmaliger Verarbeitung eines Börsenauftrags ergeben sich im Rechenzentrum Kosten in der Höhe von SFr. 6.06. Durch die Multiplikation mit der Planprozessmenge ergeben sich die pro Produkt anfallenden Kosten im Rechenzentrum.

Kosten

FG	Gesamtkosten der Sicherheit im Verhältnis zu den Org./IT-Kosten	

Diese Führungsgrösse beschreibt, welcher Anteil des gesamten Org./IT-Budgets für die Sicherheit aufgewendet wird [vgl. Haufs, S. 148].

$$\frac{\text{Ausgaben für die Sicherheit}}{\text{Gesamte Org./IT-Kosten}}$$

Spezifikation:
- OE: -
- Zeit: pro Jahr
- Objekt: alle Ausgaben für die Sicherheit

Ausgaben für die Sicherheit: Die Kosten für die Sicherheit umfassen Personal, Backup-Einrichtungen, bauliche Massnahmen usw.

Gesamte Org./IT-Kosten: Org./IT-Ausgaben in einem Jahr.

Die Sicherheitskosten können je nach Branche, und damit je nach Sicherheits-Erfordernis, unterschiedlich sein.

Beispiel KES

Gesamtkosten der Sicherheit: Beispiel KES-Studie

Die Zeitschrift KES (Kommunikations- und EDV-Sicherheit) führt jährlich eine Umfrage zum Thema "Sicherheit in der Informatik" durch. Dabei werden einige Hundert europäische Sicherheitsverantwortliche zum Stand der Sicherheit in ihren Org./IT-Abteilungen befragt. Die Checkfragen zum Thema "Sicherheitsmanagement" basieren auf den KES-Befragungen. Frage XII.8 erhebt den Anteil des Org./IT-Budgets, welcher für die Sicherheit (inklusive Personalkosten) verwendet wird. Der europäische Durchschnitt lag bei 6.31%, wobei eine gesonderte Rechnung für die Schweiz einen Wert von 7.06% ergab. Der Wert von 7.06% entspricht einem durchschnittlichen Sicherheitsbudget von SFr. 1.5 Mio [siehe KES, 1994].

Kosten

F G	**Marktkosten-abweichung**	

Die Führungsgrösse "Marktkostenabweichung" misst die tatsächlich angefallenen Kosten der erbrachten Leistung an den Kosten der gleichen Leistungsmenge bei einem Outsourcer.

$$\frac{\Sigma\ (\text{Leistung * Marktpreis})}{\text{Ist-Kosten des Betriebs}}$$

Spezifikation:
- OE: -
- Zeit: pro Jahr oder pro Halbjahr
- Objekt: Kosten des Betriebs

Leistung: Die mengenmässig erbrachte Leistung, ausgedrückt in Batchverarbeitung, Online-Verarbeitung, Speicherbelegung, Ausdruck, Mikroficheerstellung, Bandspeicherzugriff und -belegung.

Marktpreis: Marktübliche Stückkosten pro Leistungsart. Die Preise können von einer Referenz (Best practice) stammen oder auch als Durchschnitt ähnlicher Unternehmen berechnet werden.

Ist-Kosten des Betriebs: Die Kosten für die Leistungserstellung.

Die Führungsgrösse "Marktkostenabweichung" ist eine Ableitung des NOW-Indexes der Real Decisions Corp. [vgl. Gartner Group Briefing Documents, Zürich, 16.3.95]. Mit Hilfe dieser Führungsgrösse lässt sich beurteilen, wie effizient der Prozess "Betrieb" im Vergleich zu anderen RZ ist. Ein Wert von 1.0 bedeutet, dass die untersuchte Firma ungefähr gleich effizient wie die Referenzfirma oder -gruppe arbeitet.

Beispiel
Marktkosten-
abweichung

Beispiel Marktkostenabweichung

Die Gartner Group berechnet für ihre Kunden die Marktkostenabweichung (sog.
NOW-Index). Dabei werden die Kosten pro Einheit mittels eines Durchschnitts
besonders effizienter Rechenzentren gebildet. Der Zähler der Führungsgrösse
wird folgendermassen berechnet:

Leistungs-art	Leistungs-menge (pro Jahr)	Mess-einheit	Kosten pro Einheit (USD)	Wertmässige Arbeit (USD)
Batch	14'210'789	MIPS Minutes	$ 0.08	$ 11'376'294
On-Line	4'767'118	MIPS Minutes	$ 1.07	$ 1'068'653
DASD	3'092'556	MB per Month	$ 1.00	$ 3'099'462
Print	2'827'141	1000 Lines	$ 0.65	$ 1'847'902
Fiche	1'065'169	Units	$ 1.02	$ 1'087'162
Tape Mount	1'662'576	Mounts	$ 1.16	$ 1'887'256
Tape-Speich.	634'576	Volume Months	$ 0.89	$ 563'127
Other	2'010'676	Units	$ 0.90	$ 1'817'118
Total				$ 22'746'974

Die oben berechnete wertmässige Leistung wird durch die bei der effektiven
Leistungserstellung angefallenen Kosten dividiert.

$$\frac{\text{Wertmässige Arbeit}}{\text{Effektive Kosten}} = \frac{22'746'974 \text{ USD}}{30'976'310 \text{ USD}} = 0.73$$

Der Wert 0,73 bedeutet, dass die Referenz-Rechenzentren um ca. 27%
effizienter arbeiten als die untersuchte Firma. [Quelle:. Gartner Group Briefing
Documents, Zürich, 16.3.95]

Sicherheit

FG	Sicherheitsprobleme pro Zeiteinheit

Die Führungsgrösse "Sicherheitsprobleme pro Zeiteinheit" beschreibt die
Wirksamkeit der Sicherheitsmassnahmen pro Zeiteinheit. Die Definition eines
Sicherheitsproblems hängt individuell von den Sicherheitsmassnahmen des
betrachteten Unternehmens ab. Unternehmen, die sehr gut ausgebaute
Schutzmechanismen vorweisen, werden sehr wenige Lücken und dadurch
entstehende Probleme haben. Entsprechend ergibt sich eine relative Definition
von Sicherheitsproblemen.

Sicherheitsverletzungen pro Zeiteinheit	Sicherheitsverletzungen: Eine Sicherheitsverletzung ist dann eingetreten, wenn kein vorhandener Schutzmechanismus (inkl. Backup) den Fehler oder Angreifer abfangen konnte.

Spezifikation:
- OE: in Unternehmung
- Zeit: z. B. pro Jahr
- Objekt: Sicherheitsverletzungen

Unzählige Sicherheitsmechanismen sind heute auf dem Markt vorhanden. Eine
Übersicht findet sich z. B. bei [Schaumüller-Bichl oder Pohl/Weck]. Letztlich
beurteilt der Sicherheitsbeauftragte bei Sicherheitsproblemen immer subjektiv.

Zeit

| **FG** | **Antwortzeit** | 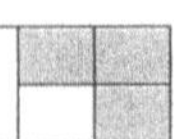 |

Die Führungsgrösse "Antwortzeit" umfasst die Zeitspanne zwischen der Beendigung einer Benutzereingabe für eine Aufgabenstellung und dem Zeitpunkt, zu dem das erste Zeichen der Antwort zur Verfügung steht.

$$\frac{\Sigma \text{ Antwortzeiten}}{\# \text{ Transaktionen}}$$

Spezifikation:
- OE: -
- Zeit: pro Woche
- Objekt: Transaktionen

Summe Antwortzeiten in Sekunden: Die Summe aller Antwortzeiten der vom Benutzer initialisierten Transaktionen.

Anzahl Transaktionen: Summe der vom Benutzer initialisierten Transaktionen.

Diese Führungsgrösse wird heute aus Systemsicht von den meisten Monitoring-Systemen automatisch erfasst und ausgewiesen. Ziel sollte es aber sein, diese Führungsgrösse beim Benutzer zu erfassen, damit das gesamte System (inkl. Netz) gemessen und beurteilt wird.

Es empfiehlt sich, die Transaktionen zu gruppieren. Gliederungskriterien sind z. B. die Verwendungshäufigkeit (ABC-Transaktionen) oder die Applikationszugehörigkeit. Durch die Analyse der Daten können Schwachstellen in der Org./IT-Abteilung(Leistungsengpässe) oder auch ungenügende Abläufe bei den Fachbereichen identifiziert werden [vgl. Saxer, S. 84ff.].

Zeit

| **FG** | **Reaktionsgeschwindigkeit bei Problemen** | 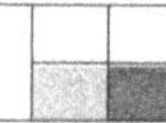 |

Die Führungsgrösse "Reaktionsgeschwindigkeit bei Problemen" umschreibt die durchschnittliche Zeit, bis ein Problem vollständig gelöst worden ist. Die Probleme können aus dem Betrieb stammen, z. B. von einem Batch-Job, der nicht richtig ausgeführt wurde, oder auch direkt vom Benutzer.

Problemlösung
- Problementgegennahme

Spezifikation:
- OE: Probleme aus dem FB
- Zeit: z. B. Monatsdurchschnitt
- Objekt: alle Probleme, die beim
            Help-Desk eintreffen

Problementgegennahme: Zeitpunkt der Entgegennahme des Problems.

Problemlösung: Zeitpunkt der Problemlösung, z. B. nach Passwortrücksetzung.

Durch die zeitliche Begrenzung der Batch-Job-Abläufe auf die nicht-operativen Stunden (Nacht) müssen die Abläufe rechtzeitig beendet sein. Die Geschwindigkeit der Problemlösung kann für die Transaktionsbearbeitung vom folgenden Tag sehr wichtig sein. Die prompte Lösung von Problemen der Benutzer beeinflusst das Ansehen der Org./IT-Abteilung wesentlich. Weitere Auswertungen, beispielsweise die stündliche Reaktionszeit, können wertvolle Hinweise auf die Probleme, aber auch auf die benötigte Kapazität eines Help-Desks geben.

Beispiel
Help-Desk

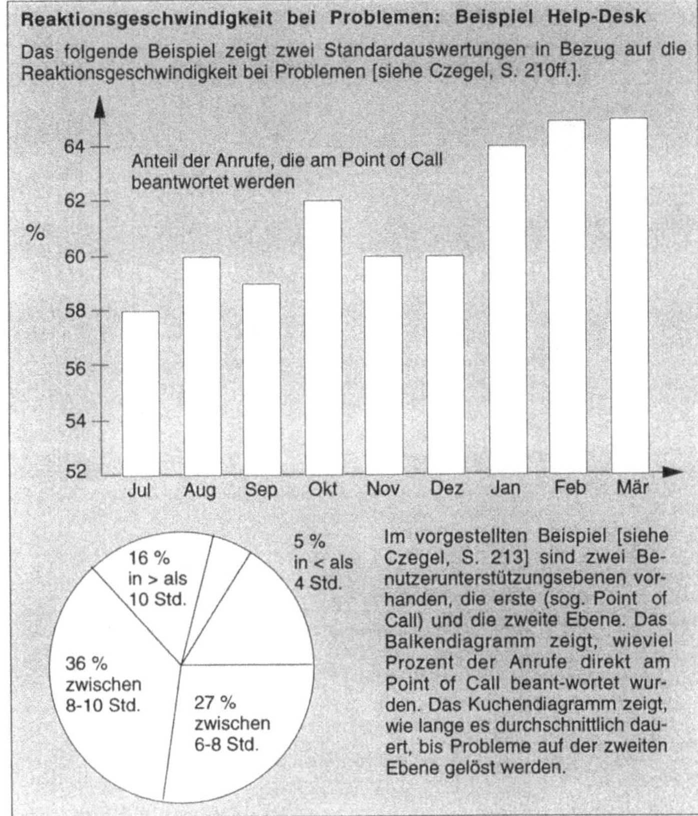

Zeit

FG	Verfügbarkeit

Die Führungsgrösse "Verfügbarkeit" beschreibt, zu welchem prozentualen Anteil das System dem Benutzer zur Verfügung steht.

$\dfrac{\text{Sollstunden - Ausfallstunden}}{\text{Sollstunden}}$	Sollstunden: Anzahl Std. während derer das System dem Benutzer zur Verfügung stehen soll.
Spezifikation: • OE: - • Zeit: z. B. pro Monat • Objekt: einzelne Transaktionen oder Applikationen aus Benutzersicht	Ausfallstunden: Von den Vereinbarungen abweichende Anzahl Stunden, während derer das System dem Benutzer nicht zur Verfügung steht.

Die Führungsgrösse bildet oft die Grundlage für die Service Level Agreements. Zahlen aus Benutzersicht sind solche, die beim Benutzer gemessen werden und die tatsächlichen Gegebenheiten (local area network, controller, etc.) berücksichtigen. Es empfiehlt sich, die Verfügbarkeit zu differenzieren, so beispielsweise nach der Verwendung der Applikationen und Transaktionen.

4.5.5

Effektivität

CF	Auftraggeber- zufriedenheit
Zweck	Die Checkfragen sollten einen Hinweis auf die Auftraggeberzufriedenheit geben. Dabei spielt das Ansehen des Prozesses "Betrieb" als effizienter Verarbeiter eine grosse Rolle. Adressaten der Auftraggeberzufriedenheit sind alle Fachbereichsleiter, die Leistungen vom Prozess "Betrieb" beanspruchen.
Wer	Möglichst viele Fachbereichsleiter
Wann	Periodische Wiederholung
Wie	Schriftlich, siehe Anhang A4.1
Hinweise	Mit Fachbereichsleitern, die ihre Unzufriedenheit geäussert haben, muss Kontakt aufgenommen werden.

Effektivität

CF	Help-Desk Beurteilung
Zweck	Die Beurteilung der Kundenzufriedenheit mit dem Help-Desk liefert wichtige Hinweise über Verbesserungspotentiale. Verschiedene Aspekte werden in den Checkfragen angespochen, so z. B. Geschwindigkeit und Qualität.
Wer	Kunden des Help-Desks
Wann	Regelmässig
Wie	Schriftlich, siehe Anhang A4.2
Hinweise	Die Checkfragen sollten neben der Einhaltung der Service Level Agreements einen weiteren Aspekt der Leistungserstellung beleuchten. Die Checkliste stammt aus dem Buch [Czegel, S. 200ff.].

Sicherheit	**C F**	**Sicherheits-management**
	Zweck	Die Checkliste kann zur ersten Kontrolle der Sicherheitsmassnahmen verwendet werden. Adressaten sind die Sicherheitsverantwortlichen in der Org./IT-Abteilung.
	Wer	Sicherheitsverantwortliche
	Wann	Regelmässig oder auch als Checkliste
	Wie	Schriftlich, siehe Anhang A4.3
	Hinweise	Mit der Verwendung der Checkliste muss zugleich eine Warnung ausgesprochen werden: Die Checkliste dient der oberflächlichen Prüfung der Sicherheit. Die Fragen zeigen gewisse Schwächen auf. Für die Erstellung einer gründlichen, systematischen Sicherheitsanalyse sei auf weiterführende Literatur verwiesen, so beispielsweise auf [Pohl/Weck].

4.6 HW-/SW-Management

Der Prozess "Hard- und Software-Management" ist ein unterstützender Prozess und gibt Leistungen an die anderen Prozesse ab. Er muss die Verfügbarkeit von Hard- und Software für die Erfüllung der betrieblichen Aufgaben sicherstellen.

4.6.1 Effektivität und Effizienz

Effektivität
Die Effektivität des Prozesses "HW-/SW-Management" beschreibt, ob der Prozess aus Sicht des Prozesses "Betrieb" und aus Sicht des Kunden bei der Bereitstellung der persönlichen Infrastruktur die richtigen Entscheidungen trifft und umsetzt.

Der Prozess "Betrieb" erwartet, dass eine Infrastrukturplanung betrieben wird, welche seine Bedürfnisse erfüllt. In vielen Fällen heisst dies, dass die Infrastruktur homogen ist und eine Weiterentwicklung der vorhandenen Systeme darstellt. Der Prozess "Betrieb" erwartet zusätzlich, dass die bestehende Infrastruktur eine hohe Verfügbarkeit aufweist und dass die Systeme die geforderte Verarbeitungsgeschwindigkeit besitzen.

Kunde
Der Kunde in den Fach- oder Org./IT-Bereichen, der seine persönliche Infrastruktur erweitern will, erwartet im Sinne der Effektivität, dass der Prozess "HW-/SW-Management" dem Mitarbeiter eine geeignete Infrastruktur zur Verfügung stellt. Geeignet heisst, dass der Mitarbeiter seine momentanen und zukünftigen geschäftlichen Aufgaben mit Unterstützung der Infrastruktur lösen kann.

Effizienz
Die folgenden Erfolgsfaktoren sind für die Prozess-Effizienz aus Sicht des Prozessmanagers von grosser Bedeutung: Komplexität, Kontinuität, Kosten und Zeit. Andere geschäftliche und EDV-technische Umstände (z. B. das Vorhandensein einer reinen PC-Umgebung) können zu anderen Erfolgsfaktoren führen. Von den zusätzlich

gebildeten Erfolgsfaktoren lassen sich die Führungsgrössen und Checkfragen analog ableiten.

4.6.2   Leistungen und Aufgaben

Der Zusammenhang zwischen den Leistungen und Aufgaben des Prozesses "HW-/SW-Management" ist in Abb. 4.6.2/1 dargestellt:

Aufgaben	Leistungen
Architektur- und Migrationsplanung	Technischer Migrationsplan
Beschaffung	Bestellungsantrag, Beschaffung durchführen
Installation durchführen	Funktionsfähige Infrastukurkomponente
Betrieb und Wartung	Gewährleistung der Funktionsfähigkeit des Infrastruktur, Reparatur

Abb. 4.6.2/1:   *Leistungen und Aufgaben des Prozesses "HW-/SW-Mgmt"*

4.6.3   Stellen und Gremien der Prozessführung

Folgende Stellen und Gremien werden bei der Führung des Prozesses "HW-/SW-Management" benötigt (siehe Abb. 4.6.3/1):

Stellen und Gremien	Prozess "HW-/SW-Management"
Prozessmanager	Org./IT-Verantwortliche (ev. RZ-Leiter)
Prozessausschuss	Org./IT-Verantwortliche, RZ-Leiter, Einkaufschef, Fachbereichsverantwortliche
Prozesszirkel	Org./IT-Verantwortliche, Mitarbeiter aus der Materialbeschaffung, dem System- und Netzwerkmanagement und der Hardware-Planung
Prozessentwickler	z. B. Vertreter Abteilung "Betriebsorganisation"

Abb. 4.6.3/1:   *Stellen und Gremien der Prozessführung*

4.6.4   Führungsgrössen

Abb. 4.6.4/1 gibt einen Überblick über die Führungsgrössen und Checkfragen des Prozesses "HW-/SW-Management". Der obere Teil stellt die Instrumente zur Bestimmung der Effektivität des Prozesses dar. Im unteren Teil der Tabelle enthalten die Spalten die kritischen Erfolgsfaktoren, die Zeilen die Aufgaben des Prozesses.

Prozess HW-/SW-Management

Effektivität

CF Auftraggeberzufriedenheit

CF Benutzerzufriedenheit

Effizienz

Aufgaben \ KEF	Komplexität	Kontinuität	Kosten	Zeit
Aufgabenüber-greifende FG und CF	Komplexitäts-grad I Komplexitäts-grad II		Infrastruktur-Kosten pro Arbeitsplatz	Durchlaufzeit Termintreue
Architektur- und Migrationsplanung		Mean Time between Changes		
Beschaffung	Anzahl Lieferanten			
Installation durchführen				
Betrieb und Wartung		Verfügbarkeit		Antwortzeit

Abb. 4.6.4/1:   Übersichtstafel Prozess "HW-/SW-Management"

Komplexität

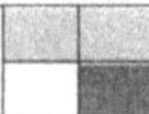

FG	Komplexitäts-grad I

Die Führungsgrösse "Komplexitätsgrad I" misst die Komplexität in einer herkömmlichen, Client/Server-freien Umgebung. Man geht davon aus, dass viele unterschiedliche Hard- und Softwarekombinationen die Komplexität erhöhen, stark standardisierte, einfache Systeme hingegen nicht sehr komplex sind.

BS/Netz	Aspekt	Compiler	DBMS	Protokoll	Monitore	Lokation	WS*	Σ
BS	MVS	3	2	2	2	1	3	13
BS	TPF	-	-	-	-	-	-	-
Netz	SITA	-	-	2	-	-	-	2
Netz	TS/ALC	-	-	5	-	-	-	5
Netz	IS/SNA	-	-	3	-	-	-	3
Netz	LAN	-	-	2	-	-	-	2
Σ								25

Lokation: Anzahl logische Sites
WS: Workstations
(**1**: 1-100, **2**: 101-1000, **3**: 1001-10000)

Spezifikation:
- OE: Org./IT-Bereich
- Zeit: -
- Objekt: Infrastruktur

Die vertikale Achse ist eine Auflistung der verwendeten Betriebssysteme und Netzwerke.

Die horizontale Achse definiert Aspekte der Verwendung des Betriebssystems.

Die Zellen beschreiben die Anzahl Komponententypen pro Betriebssystem/Netz.

Beispiel: Die Zahl "2" in der Zelle MVS/-DBMS bedeutet, dass im Bereich MVS zwei unterschiedliche Typen von DBMS bestehen (beispielsweise IMS und DB2).

Dieser Komplexitätsgrad beschreibt, wie komplex eine IT-Infrastruktur ist. Alleinstehend hat er nur beschränkte Aussagekraft. Er sollte bei Infrastrukturentscheiden herangezogen werden, um die Konsequenzen für die Komplexität darzustellen.

Beispiel Atraxis

Komplexitätsgrad I: Beispiel Atraxis (ehem. Swissair Information Systems)

Das folgende Beispiel zeigt die Komplexität der Infrastruktur der Atraxis.

Die Atraxis ist eine 100%-Tochter der Swissair-Fluggesellschaft mit ca. 1000 Mitarbeitern. Sie stellt primär die Datenverarbeitung für die Muttergesellschaft sicher. Die Komplexität als kostentreibender Faktor ist bei der Atraxis seit längerem ein Thema. Die Tabelle in der Bescheibung der Führungsgrösse ist eine Aggregation der untenstehenden Tabelle.

BS / Netz	Aspekt	Anzahl	Bezeichnung
MVS	Compiler	3	PL/1-, Cobol-, Assembler-Compiler
MVS	DBMS	2	IMS, DB2
MVS	Protokoll	2	SNA, ALC
MVS	Monitore	2	TSO, Roscoe
MVS	Lokation	1	Zürich-Nord
MVS	WS	3	
SITA	Netz	2	P1024, X.25
TS/ALC	Netz	5	ALC, P1024, SNA, LU6.2, X.25
IS/SNA	Netz	3	SNA, X.25, LU6.2
LAN	Netz	2	TCP-IP, Open Systems Protokoll

Obige Tabelle stellt eine vereinfachte Version dar. So wurde z. B. das TPF-Betriebssystem nicht berücksichtigt.

Komplexität

FG	Komplexitäts- grad II		

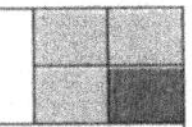

Der Führungsgrösse "Komplexitätsgrad II" misst die Komplexität einer Infrastruktur in einer Client/Server-Umgebung. Diese Führungsgrösse geht davon aus, dass viele unterschiedliche Client/Server-Typen die Komplexität erhöhen. Die Komplexität nimmt bei den unterschiedlichen Client/Server-Typen unterschiedlich stark zu. Die in dieser Arbeit gewählten Multiplikationsfaktoren werden in Klammern angegeben.

Kombination	Komplex.
Windows / MVS	2
Windows / UNIX / MVS	4
OS/2 / UNIX	9
Windows / UNIX	9
Σ	24

Komplexität beziffert die gewichtete Summe der Gartner Group C/S-Typen.

Spezifikation:
- OE: Org./IT-Bereich
- Zeit: -
- Objekt: C/S-Infrastrukturen

Kombination: Die Kombination beschreibt die Client/Server-Kombination von Betriebssystemen.

Anzahl: Die Gartner Group hat 5 Client/Server-Typen definiert. Diese sind: Distributed Presentation (1), Remote Presentation (2), Distributed Function (3), Remote Data Management (4) und Distributed Database (5). Die Unterscheidung zwischen den fünf Typen wird durch das Netzwerk definiert.

Beispiel: Die "9" bei UNIX/OS/2 bedeutet, dass sowohl Applikationen mit "Remote Data Management" als auch mit "Distributed Database" vorhanden sind, die eine summarische Komplexität von 9 aufweisen.

Der Komplexitätsgrad II beschreibt, wie komplex eine IT-Infrastruktur ist. Alleinstehend hat er nur beschränkte Aussagekraft. Er sollte bei Infrastrukturentscheiden herangezogen werden, um die Konsequenzen für die Komplexität darzustellen.

Beispiel Atraxis

Komplexitätsgrad II: Beispiel Atraxis

Das folgende Beispiel stammt ebenfalls von der Atraxis. Die Client/Server-Architektur wird im aufgeführten Beispiel aber noch zurückhaltend angewendet.

Kombination	1 Distributed Presentation	2 Remote Presentation	3 Distributed Function	4 Remote Data Management	5 Distributed Database	Summe
Windows / MVS		X				2
Windows / UNIX / MVS	X		X			4
OS/2 / UNIX				X	X	9
Windows / UNIX	X		X		X	9
Summe						24

Aus der oben beschriebenen Komplexität der Client/Server Umgebung ergibt sich die Führungsgrösse. Die Tabelle in der Beschreibung der Führungsgrösse bezieht sich auf die in diesem Fallbeispiel zugrundeliegenden Daten. Bei Infrastruktur- und Applikationsentscheiden soll die neue Komplexität vorgängig berechnet werden, um die Konsequenzen für deren Beherrschung abzuleiten.

Komplexität

FG	**Anzahl** 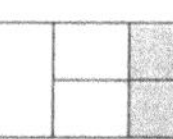
	Lieferanten

Der Führungsgrösse "Anzahl Lieferanten" beziffert die Anzahl der Lieferanten-kontakte des Prozesses "HW-/SW-Management".

Anzahl Lieferanten Spezifikation: • OE: Org./IT-Bereich • Zeit: z. B. pro Jahr • Objekt: Leistungen oder Kompo- nenten für die Infrastruktur	Anzahl Lieferanten: Als Lieferanten gelten diejenigen Firmen, die Komponenten oder Vorleistungen für die Org./IT-Abteilung liefern.

Komplexe Infrastrukturen sind in der Regel sehr heterogen. Die Anzahl Lieferanten ist ein Indikator für die Heterogenität (und Standardisierung) einer Infrastruktur. Diese Führungsgrösse soll aber nicht dazu verleiten, das "Ein-Lieferanten-Prinzip" zu verherrlichen. Von einer so grossen Abhängigkeit kann nur abgeraten werden. Es empfiehlt sich, gewisse Standards bei der Beschaffung festzulegen, so beispielsweise durch Festlegung eines Disk-Lieferanten. Durch die Komplexitätsreduktion und die Konzentration können auch Kostenvorteile entstehen.

Kontinuität

FG	**Mean Time**
	between Changes (MTBC)

Die Führungsgrösse "MTBC" misst die durchschnittliche Zeit zwischen Wechseln in der HW-/SW-Infrastruktur. Sie sagt aus, wie lange die Benutzer mit einem System arbeiten können und in welchen Abständen sie sich grundlegend neues Wissen bezüglich der Infrastruktur aneignen müssen. Dieses Wissen ist nicht wertschöpfend, und dessen Aneignung sollte minimiert werden.

Durchschnittliche Zeit zwischen HW-/SW-Familienwechseln Spezifikation: • OE: FB • Zeit: - • Objekt: Familienwechsel	Familienwechsel: Ein Wechsel von einer Soft- oder Hardwarefamilie zu einer anderen aus Benutzersicht. Die Umstellung von VAX-Mail auf CC-MAIL ist ein Wechsel, der zusätzlichen Lern- und Zeitaufwand erfordert.

Der Release-Wechsel bei Soft- oder Hardware kann wie ein Familienwechsel betrachtet werden. Bei grossen Unterschieden zwischen bestehendem und neuem IS muss der Benutzer Zeit investieren, um das neue System zu erlernen.

Kontinuität

F G	**Verfügbarkeit**	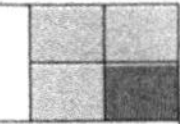

Die Führungsgrösse "Verfügbarkeit" beschreibt, zu welchem prozentualen Anteil die Infrastruktur dem Benutzer zur Verfügung steht.

$$\frac{\text{Sollstunden - Ausfallstunden}}{\text{Sollstunden}}$$

Spezifikation:
- OE: -
- Zeit: z. B. pro Monat
- Objekt: Verfügbarkeit von Basis-
  infrastruktur

Sollstunden: Anzahl Stunden, während derer das System dem Benutzer zur Verfügung stehen soll.

Ausfallstunden: Von den Vereinbarungen abweichende Anzahl Stunden, während derer das System dem Benutzer nicht zur Verfügung steht.

Die Verfügbarkeit ist eine klassische Grösse im Bereich der EDV. Dabei bildet diese Führungsgrösse oft die Grundlage für die Service-Level-Agreements. Es empfiehlt sich, die Verfügbarkeit zu differenzieren, so beispielsweise nach den Komponenten der Infrastruktur, damit so Probleme effizient erkannt und behoben werden können. Auf ein Beispiel für die Messung der Verfügbarkeit der Systemkomponenten wird aufgrund des weitverbreiteten Einsatzes solcher Tools verzichtet [vgl. Saxer, S. 26ff.].

Kosten

F G	**Infrastruktur-Kosten pro Arbeitsplatz**	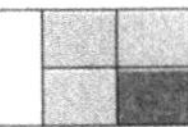

Die Führungsgrösse "Infrastruktur-Kosten pro Arbeitsplatz" gibt Auskunft darüber, wieviel die Org./IT-Kosten abzüglich Entwicklung und Wartung pro Arbeitsplatz betragen. Die Kosten werden relativiert durch die Anzahl Arbeitsplätze.

$$\frac{\text{Infrastruktur-Kosten}}{\text{\# IS-unterstützte Arbeitsplätze}}$$

Spezifikation:
- OE: FB und Org./IT-Bereich
- Zeit: z. B. pro Jahr
- Objekt: alle Kosten, die für die Bereit-
  stellung der Infrastruktur
  (Org./IT und FB) entstehen

Infrastruktur-Kosten: Die Infrastruktur-Kosten entsprechen den gesamten IS-Kosten abzüglich der Kosten für die Applikationsentwicklung und -wartung.

 # IS-unterstützte Arbeitsplätze: Die Anzahl IS-unterstützter Arbeitsplätze

Die Definition der Infrastruktur-Kosten ist ein heikles Thema. Fragen wie "Sind die Org./IT-Kosten der Fachbereiche (beispielsweise deren PC's) zu berücksichtigen?" oder "Wie sind Abschreibungen zu handhaben?" erschweren die Definition der Infrastruktur-Kosten.

Beispiel ERZ

Infrastruktur-Kosten pro Arbeitsplatz: Beispiel ERZ der PTT

Die Leistungen der Informatikdienste PTT (ERZ) sind in den Bereichen der Entwicklung und des Betriebs folgender wichtigster Applikationen angesiedelt: Inkasso für alle Telecom-Anwendungen (ca. 4,5 Mio Abonnenten), Personalwesen (ca. 60'000 Bedienstete), Materialbewirtschaftungen (Telecom-Material, Fahrzeuge), Finanz- und Kostenrechnung, Informationssystem-Postbetrieb, Frequenz- und Sendekonzessionswesen, Bauwesen, Markenabonnemente, Zeitungsabonnemente und Individuelle Datenverarbeitung. Diese Leistungen werden durch ca. 400 Mitarbeiter vorwiegend auf Grossrechner für alle 17 Telekom- und 11 Postkreise in der Schweiz sowie für die Generaldirektion in Bern erbracht.

Das ERZ unterstützt ca. 7000 PC-/Terminal-Arbeitsplätze. Neben einem variablen Ansatz pro Transaktion verrechnet das ERZ einen fixen Betrag pro Anschluss resp. Arbeitsplatz. Folgende Kostenarten werden über diesen Schlüssel verrechnet:

Kostenart	Betrag (in 100'000 SFr.)
Kommunikationskosten (Telepac)	9.0
Material	1.5
Unterhalt, externes Personal, Software	0.8
Abschreibungen (EDV-Anlage)	6.0
Zinsen	1.1
Leitungsumlage	0.8
Raumkosten	1.5
Personalkosten	39.7
Total	60.4

Daraus ergeben sich folgende Infrastruktur-Kosten pro Arbeitsplatz pro Jahr:

$$\frac{6'000'000 \text{ SFr.}}{7'000 \text{ Arbeitsplätze}} = 860 \text{ SFr. pro Arbeitsplatz}$$

Zeit

FG	**Durchlauf-zeit (DLZ)**

Die Führungsgrösse "Durchlaufzeit" misst für ausgewählte Komponenten die benötigte Zeit von einer Auftragserteilung bis zur Auslieferung der Instanzen an die Kunden. Der Prozesskunde wünscht in der Regel eine schnelle Auslieferung.

Installationszeitpunkt - Antragszeitpunkt Spezifikation: • OE: Bestellverantwortliche • Zeit: z. B. pro Monat, pro Jahr • Objekt: z. B. Bestellungen	Installationszeitpunkt: Zeitpunkt, zu dem die Komponente beim Kunden des Prozesses funktionsfähig bereitgestellt ist. Antragszeitpunkt: Zeitpunkt, zu dem ein Antrag für einen Prozess gestellt wird

Die DLZ ist nicht bei allen Aufgaben im Prozess kritisch. Bei der unternehmensspezifischen Anpassung muss die DLZ derjenigen Aufgaben gemessen werden, die für den Kunden wichtig sind, so z. B. für die Beschaffung und die Installation.

Die DLZ unterschiedlicher Komponenten (z. B. Installation eines Terminals und Installation eines PC's) können nicht verglichen werden. Die DLZ sind bei denjenigen Komponenten zu erheben, die aus der Sicht des Kunden wichtig sind, so z. B. bei Software-Releases, die eine zusätzliche Funktionalität anbieten.

Beispiel ERZ

Durchlaufzeit: Beispiel ERZ der PTT

Beim Elektronischen Rechenzentrum (ERZ) der schweizerischen Post (PTT) ist eine Fachgruppe für den Einkauf und die Bewirtschaftung der Arbeitsplatz-Infrastruktur verantwortlich. Dabei kauft die Gruppe jährlich Hardware im Umfang von ca. SFr. 4'000'000 ein. Von diesem Beitrag fliessen ca. 70 - 80% in die Beschaffung von jährlich 700 - 1000 PCs ein. Die Beschaffungsstelle garantiert, dass die Bestellung nach Aufgabe durch den Antragssteller (Antragszeitpunkt) innerhalb von 7 Arbeitstagen beim Lieferanten eintreffen wird. Nach Messungen der Fachgruppe benötigt der Lieferant durchschnittlich 7 Tage zur Bearbeitung der Bestellung und zur Auslieferung an die Fachgruppe. Die Installation erfolgt dann durch ein anderes Team innerhalb von wenigen Tagen (Installationszeitpunkt). Die verantwortliche Fachgruppe garantiert ihren Kunden, dass die Durchlaufzeit der PC-Beschaffung in 90% aller Fälle 20 Arbeitstage nicht übersteigt.

Zeit

FG	Termintreue	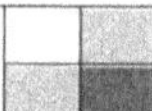

Die Führungsgrösse "Termintreue" misst, wie die vereinbarten Termine im Prozess "HW-/SW-Management" eingehalten werden. Der Kunde erwartet, dass die vereinbarten Termine eingehalten oder sogar unterschritten werden.

$$\frac{\text{Soll-Dauer}}{\text{Ist-Dauer}}$$

Spezifikation:
- OE: Bestellverantwortliche
- Zeit: z. B. pro Monat, pro Jahr
- Objekt: z. B. Bestellungen

Soll-Dauer: Die vom Prozesskunden und vom Prozess vereinbarte Zeitdauer für die Leistungserbringung.

Ist-Dauer: Tatsächliche Zeitdauer für die Leistungserbringung durch den Prozess.

Die Termintreue kann auf verschiedene Arten gemessen werden. Zwei Beispiele für die Quantifizierung der Termintreue sind der prozentuale Anteil von Terminüberschreitungen und der Umfang der Terminüberschreitungen. Die oben dargestellte Formel beschreibt die Terminüberschreitung für eine Instanz. Diese Grösse kann über alle Instanzen erhoben werden.

Zeit

FG	Antwortzeit	

Die Führungsgrösse "Antwortzeit" umfasst die Zeitspanne zwischen der Beendigung einer Benutzereingabe für eine Aufgabenstellung und dem Zeitpunkt, zu dem das erste Zeichen der Antwort zur Verfügung steht.

$$\frac{\Sigma\ \text{Antwortzeiten}}{\text{Anzahl Transaktionen}}$$

Spezifikation:
- OE: Messung im FB
- Zeit: z. B. pro Tag
- Objekt: Transaktionen

Summe Antwortzeiten in Sekunden: Die Summe aller Antwortzeiten der vom Benutzer initialisierten Transaktionen.

Anzahl Transaktionen: Summe der vom Benutzer initialisierten Transaktionen.

Diese Führungsgrösse wird heute von den meisten Monitoring-Systemen automatisch erfasst und ausgewiesen. Es empfiehlt sich, eine Gruppierung der Transaktionen vorzunehmen. Gliederungskriterien sind z. B. die Verwendungshäufigkeit (ABC-Transaktionen) oder die Applikationszugehörigkeit. Durch die Analyse der Daten können Schwachstellen in der Org./IT-Abteilung (Leistungsengpässe) oder auch ungenügende Abläufe bei den Fachbereichen identifiziert werden [siehe Saxer].

4.6.5 Checkfragen

Effektivität

C F	Auftraggeber-zufriedenheit	
Zweck	Der Zweck der Checkfragen ist es, die Effektivität des Prozesses "HW-/SW-Management" zu prüfen. Die Zufriedenheit wird im Bereich Architektur und im Bereich Beschaffung und Installation erhoben.	
Wer	Fachbereichsverantwortliche, und Prozessmanager der anderen Prozesse in ihrer Rolle als Abnehmer der Aufgabe "Architektur- und Migrationsplanung".	
Wann	Periodisch	
Wie	Schriftlich, siehe Anhang A5.1	
Hinweise	Die Auswertung sollte als Kontrollinstrument bezüglich der Architektur- und Infrastukturplanung dienen. In der Regel sollte der Entscheid für eine Architektur von mehreren Org./IT-Verantwortlichen getragen werden.	

Effektivität

C F	Benutzer-zufriedenheit	
Zweck	Die Benutzerzufriedenheit über den Prozess "HW-/SW-Management" beschränkt sich auf die eigentlichen Benutzer. Die Zufriedenheit bezieht sich vor allem auf die Aufgaben "Beschaffung" und "Installation", also auf diejenigen Aufgaben, die für den Fachbereichs- und Org./IT-Mitarbeiter am besten sichtbar sind.	
Wer	Jeder Mitarbeiter, der eine Leistung des Prozesses erhalten hat.	
Wann	Nach Erhalt einer Leistung	
Wie	Schriftlich, siehe Anhang A5.2	
Hinweise	Die Auswertung gibt Hinweise über die Leistungsfähigkeit des Prozesses. Es können insbesondere qualitative Beurteilungen durch den Leistungsempfänger angebracht werden. Die Auswertung der Ergebnisse sollte mit der Einhaltung der SLA abgeglichen werden, um allfällige einseitige Optimierungen auszugleichen.	

4.7 Skill-Management

Der Unterstützungsprozess "Skill-Management" muss die anderen Prozesse (Leistungs-, Führungs- und andere Unterstützungsprozesse) mit Mitarbeitern und Fähigkeiten in richtiger Qualität, richtiger Anzahl und zum richtigen Zeitpunkt sicherstellen.

4.7.1 Effektivität und Effizienz

Effektivität

Die Qualität des Prozesses "Skill-Management" können nur die Kunden des Prozesses beurteilen. Die Verantwortlichen der leistungsempfangenden Prozesse müssen die Qualität bestimmen. Die Qualität des Prozesses zeigt sich zum Beispiel bei der Einstellung von Mitarbeitern, welche den Skill-Anforderungen entsprechen, in der fachkundigen Beurteilung von Mitarbeitern sowie in der Auswahl und Beförderung von Mitarbeitern mit entsprechendem Potential.

Effizienz Im Rahmen dieses Buches werden die folgenden kritischen Erfolgsfaktoren für die Konkretisierung der Effizienz herangezogen: Kosten, Mitarbeiterzufriedenheit und Know-how der Mitarbeiter.

4.7.2   Leistungen und Aufgaben

Der Zusammenhang zwischen den Leistungen und Aufgaben des Prozesses "Skill-Mangagement" ist in Abb. 4.7.2/1 dargestellt:

Aufgaben	Leistungen
Personalbeschaffung	Skill-Bedarf, Stellenausschreibung
Personalselektion	Neue Mitarbeiter
Personaleinsatz und -erhaltung	Einsatzpläne, Motivation
Personalentwicklung	Neue Skills und/oder bessere Beherrschung vorhandener Skills
Personalfreistellung	Sozialplan o.ä.

Abb. 4.7.2/1:   Leistungen und Aufgaben des Prozesses "Skill-Management"

4.7.3   Stellen und Gremien der Prozessführung

Folgende Stellen und Gremien werden bei der Führung des Prozesses "Skill-Management" benötigt:

Stellen und Gremien	Prozess "Skill-Management"
Prozessmanager	Personalverantwortlicher für die Org./IT-Abt.
Prozessausschuss	Personalverantwortlicher für die Org./IT-Abt., Org./IT-Verantwortlicher, Personalverantwortlicher, Finanzchef
Prozesszirkel	Personalverantwortlicher für die Org./IT-Abt., Mitarbeiter der Personalabteilung, ein Org./IT-Manager
Prozessentwickler	Personalverantwortlicher

Abb. 4.7.3/1:   Stellen und Gremien der Prozessführung

4.7.4   Führungsgrössen

Abb. 4.7.4/1 gibt einen Überblick über die Führungsgrössen und Checkfragen des Prozesses "Skill-Management". Der obere Teil stellt die Instrumente zur Bestimmung der Effektivität des Prozesses dar. Im unteren Teil der Tabelle stellen die Spalten die Erfolgsfaktoren, die

Zeilen die Aufgaben des Prozesses dar. Voraussetzung für den sinnvollen Einsatz von Skill-Management ist eine klare Strukturierung der vorhandenen und in Zukunft benötigten Skills mittels einer sog. Skill-Liste.

Prozess Skill-Management

Effektivität

CF Auftraggeberzufriedenheit

Effizienz

Aufgaben KEF	Know-how	Kosten	Zufriedenheit
Aufgabenübergreifende Führungsgrössen			
Personalbeschaffung			Fluktuation
Personalselektion			
Personaleinsatz und -erhaltung	Qualifikation pro Skill Skills im Unternehmen Lernfortschritt Skillverteilung	Saldo pro Mitarbeiter	CF Mitarbeiter- zufriedenheit
Personalentwicklung	Lernfortschritt pro Mitarbeiter	Saldo pro Mitarbeiter	CF Mitarbeiter- zufriedenheit
Personalfreistellung		Saldo pro Mitarbeiter	Fluktuation

Abb. 4.7.4/1:   Übersichtstafel Prozess "Skill-Management"

Know-how

| FG | **Qualifikation pro Skill** |  |

Die Führungsgrösse "Qualifikation pro Skill" beschreibt das qualitative Niveau der vorhandenen Skills in der Org./IT-Abteilung.

$$\frac{\Sigma \text{ Qualifikationen einer Skill}}{\# \text{ Skill-Träger}}$$

Spezifikation:
- OE: Team, Abteilung oder Unternehmung
- Zeit: z. B. halbjährlich
- Objekt: betriebsrelevante Skills

Summe der Qualifikationen: Summe der Qualifikationen bezüglich einer Skill in einer bestimmten OE.

Anzahl Skill-Träger: Anzahl Mitarbeiter der oben erwähnten OE, die eine Skill-qualifikation haben.

Die Führungsgrösse "Qualifikation pro Skill" kann für unterschiedliche Einheiten erhoben werden. Die Führungsgrösse ist grundsätzlich ein Quotient. Die Ergebnisse können auch als Tabelle dargestellt werden (s. Beispiel), dabei werden die wichtigsten Skills der Organisationseinheit aufgeführt. So lassen sich Veränderungen an den Qualifikationen über einen längeren Zeitraum verfolgen. Mittels Prognostizierung der zukünftig benötigten Skills kann diese Darstellung als Steuerungsinstrument verwendet werden. Voraussetzung für die Erhebung der Skills ist eine vordefinierte Skill-Liste.

Know-how

| FG | **Skills im Unternehmen** | |

Die Führungsgrösse "Skills im Unternehmen" beschreibt das vorhandene Know-how in einer Organisation, gegliedert nach Skills.

$$\Sigma \text{ Vorhandene Qualifikation pro Skill}$$

Spezifikation:
- OE: Unternehmung
- Zeit: halbjährlich
- Objekt: betriebsrelevante Skills

Qualifikation pro Skill: Durchschnittlicher Skill-Erfüllungsgrad.

Know-how-Träger: Anzahl MA, die eine bestimmte Skillausprägung haben.

Die Führungsgrösse "Skills im Unternehmen" gliedert das Know-how einer Abteilung. Die Führungsgrösse berechnet einen numerischen Wert pro Skill. Zur Präsentation empfiehlt sich eine grafische Darstellung in Form eines Säulendiagramms.

Mit dieser Führungsgrösse lassen sich zwei Grafiken erstellen: einerseits eine Übersicht über das gesamte Know-how und andererseits über das Know-how, aufgeteilt nach Qualifikation.

Im Unterschied zur Führungsgrösse "Qualifikation pro Skill" kann man aus der Grafik erkennen, über wieviele Mitarbeiter mit bestimmten Fähigkeiten man verfügt.

Beispiel XMIT

Skills im Unternehmen: Beispiel XMIT, Ist-Berechnung

Die XMIT ist eine Telematikfirma mit Sitz in Dietikon. Sie bietet eine Reihe von Produkten und Dienstleistungen im Umfeld der Datenkommunikation an, so beispielsweise Netzwerkdesign, Gebäudeverkabelungen, LAN, WAN, Netzwerk-Management Systeme, Projektmanagement, Outsourcing, Support usw.. Die Anzahl von angebotenen Produkten, die vielen technischen Mitarbeiter und die Schnelligkeit des Verlusts der technischen Beherrschung der Produkte führte dazu, dass sich die XMIT im technischen Bereich dem Skill-Management zugewendet hat. Die XMIT geht wie folgt vor:

1. Skill = Produkt

1 Skill entspricht im folgenden Beispiel der Beherrschung eines Produkts

2. Bewertung

Jeder Mitarbeiter beurteilt sein Know-how pro Skill nach der Skala: low/medium/high/top (die einzelnen Beherrschungsstufen erhalten einen Multiplikator, wobei eine Top-Beherrschung zehnmal soviel Wert ist wie ein "low").

Die Beurteilung erfolgt einerseits durch den Mitarbeiter selbst und andererseits durch den Vorgesetzten. Nach einer kurzen Anlaufphase (Angewöhnungs-phase) sind die Selbst- und Vorgesetztenbeurteilungen fast immer identisch.

3. Summe bilden

Durch Addition lässt sich das gesamte Know-how pro Skill errechnen.

4. Periodizität

Die Beurteilung erfolgt in regelmässigen Abständen.

5. Darstellung

Die Ergebnisse (Ist) werden in einem sog. Brainpool zusammengefasst, welcher das erste Planungselement darstellt. Die Skills A bis H stellen die Skills dar, die für die XMIT von besonderer Wichtigkeit sind.

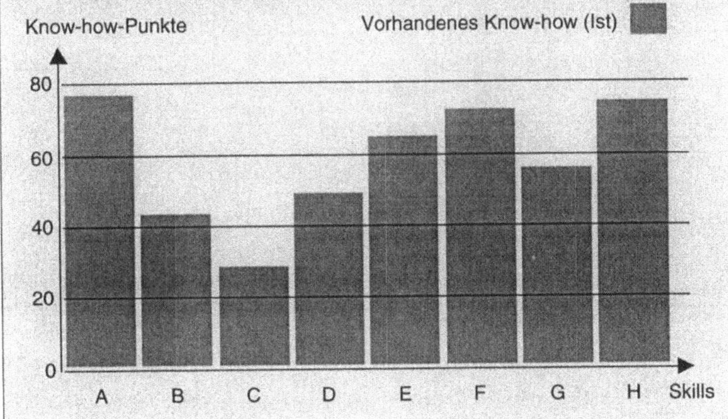

Skills im Unternehmen: Beispiel XMIT, Soll-Berechnung

1. Soll-Berechnung

Der Skill-Manager der XMIT berechnet in regelmässigen Abständen die benötigte Anzahl von Know-how-Punkten, um die Betreuung der angebotenen Produkte sicherzustellen. Er geht wie folgt vor:

2. Produktwichtigkeit

Für jedes Produkt entscheidet man gemäss Strategie und Lebenslaufphase, wieviel Know-how benötigt wird: z. B. 2 Top-Leute (a Gewicht) und 4 Low-Mitarbeiter (d Gewicht). Durch Multiplikation entsteht der Zahl $(2{*}a + 4{*}d) = X$ Know-how Punkte.

3. Installed Base (Gewichtungsfaktor g)

Die Anzahl Installationen eines bestimmten Produkts ergibt einen weiteren Korrekturfaktor. Viele Installationen brauchen viel Betreuung. Diese Tatsache wird mit einem Gewichtungsfaktor (g) zwischen 0 (wenig) und 1 (viele Installationen) berücksichtigt. Somit werden die Know-how Punkte (X) mit dem Gewichtungsfaktor (g) multipliziert $= g{*}X$.

4. Darstellung

Der Skill-Manager stellt die Ist-Werte, im Vergleich zu den Soll-Werten, für alle Skills grafisch dar.

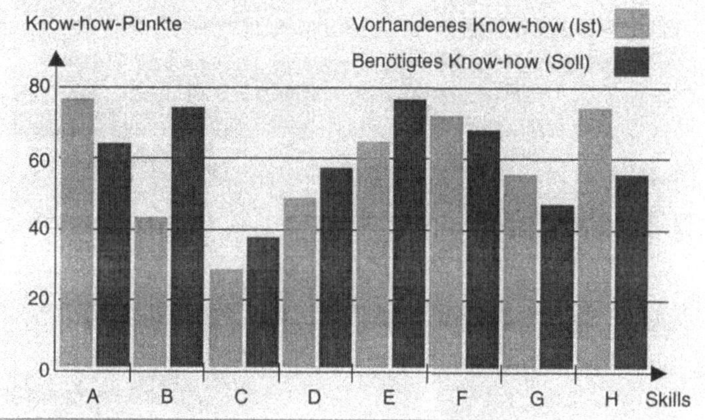

Beispiel XMIT

Skills im Unternehmen: Beispiel XMIT, vorausschauende Rechnung

Neben der Berechnung des jetzigen Zustands wird eine vorausschauende Rechnung für das nächste Halbjahr berechnet. Bei der Berechnung des Bedarfs können zwei Änderungen auftreten: die Wichtigkeit des Produkts oder der Installed Base. Die neue Berechnung zeigt den Know-how-Bedarf in einem halben Jahr.

Know-how

FG	Lernfortschritt pro Mitarbeiter		

Die Führungsgrösse "Lernfortschritt pro Mitarbeiter" beschreibt, inwieweit und wie sich die Mitarbeiter neue Skills oder eine bessere Beherrschung der vorhandenen Skills angeeignet haben.

siehe nachfolgendes Beispiel	Skillqualifikation (Ist) Skillqualifikation (Zukunft)

Spezifikation:
- OE: ein Mitarbeiter, ein Team oder eine Abteilung
- Zeit: halbjährlich
- Objekt: betriebsrelevante Skills

Die Skillqualifikation pro Mitarbeiter ändert sich mit der Zeit. Mitarbeiter erlernen durch Ausbildung oder durch praktische Arbeit neue Skills. Dadurch steigt ihre Skillqualifikation. Skills können aber verloren gehen, indem das Wissen auf jedem Gebiet zunimmt und die Mitarbeiter bei Nichtbeschäftigung mit einem Thema automatisch an Qualifikation verlieren.

Beispiel XMIT

Lernfortschritt pro Mitarbeiter: Beispiel XMIT

Aus den oben berechneten Zahlen leitet der Skill-Manager den Skill-Bedarf pro Skill ab. Dabei entsteht folgende Tabelle:

Skills	1995 (Q2)				1995 (Q4)				Veränderungen, Bem.
	Total Ist				Total Plan				
	low	medium	high	top	low	medium	high	top	
MA 1									
MA 2	■					→	■		Kurs in England
MA 3									
MA 4	■				→	■			On-the-job-Training
MA 5		■							Austritt
MA 6									
MA 7				■			■		On-the-job-Training
MA 8									
MA 9							■		Neuer Mitarbeiter
MA 10									

Mit Hilfe dieser Tabelle, in Kombination mit einer mitarbeiterbezogenen Übersicht (ein Mitarbeiter und seine Skills resp. Weiterbildungsmassnahmen), lassen sich die jetzige und zukünftige Skill-Abdeckung planen.

Know-how

FG	Skill- verteilung	

Die Führungsgrösse "Skillverteilung" beschreibt, wie das Wissen und die Erfahrung über die verschiedenen Alterskategorien verteilt ist.

Σ Vorhandene Qualifikation pro Skill	Know-how-Träger: Anzahl Angestellte, die über eine Skillqualifikation verfügen

Die FG "Skillverteilung" verwendet dasselbe Datenmaterial wie die FG "Skills im Unternehmen", jedoch mit dem Zusatz, dass die Ergebnisse weiter nach der Alterskategorie der Know-how-Träger gegliedert werden.

Alterskategorien: 20-30-jährige, 30-40-jährige, 40-50-jährige, 50-60-jährige Angestellte

Spezifikation:
• OE: Team, Abteilung oder
           Unternehmung
• Zeit: halbjährlich
• Objekt: betriebsrelevante Skills

Die Skillverteilung betrachtet die vorhandenen Skills aus der Sicht der Altersstruktur. Daraus können Schlüsse über die Wissensverteilung gezogen werden, beispielsweise dass Know-how im Bereich "Cobol" bei den 40-50-jährigen angehäuft ist oder dass Know-how zum Thema "Workflow" nur bei einem 22-jährigen Mitarbeiter vorhanden ist. Die Skillverteilung sollte vor allem für besonders wichtige Skills durchgeführt werden. Diese Führungsgrösse kann über alle Mitarbeiter einer Unternehmung erhoben werden; sie ist nicht auf die Org./IT-Mitarbeiter beschränkt.

Kosten

FG	Saldo pro verrechenbaren Mitarbeiter	

Die Führungsgrösse "Saldo pro verrechenbaren Mitarbeiter" gibt Auskunft über das Verhältnis von Kosten und Leistungen bei einem Mitarbeiter. Diese Führungsgrösse geht von einem sog. Mitarbeiterkonto aus. Dabei werden alle Aufwände und Erträge pro Mitarbeiter saldiert.

Ausgaben pro Mitarbeiter - Einnahmen pro Mitarbeiter	Ausgaben: Ausgaben für den Mitarbeiter pro Jahr.

Einnahmen: Einnahmen, die aus der Tätigkeit des Mitarbeiters erwachsen.

Spezifikation:
• OE: Mitarbeiter, FB oder
           Org./IT-Bereich
• Zeit: Lebenszyklus eines Mitar-
           beiters im Unternehmen
• Objekt: Mitarbeiter

Die Kosten pro verrechenbaren Mitarbeiter sind ein Versuch, für jeden Mitarbeiter ein Konto mit Einnahmen und Ausgaben zu eröffnen [siehe Wunderer/Schlagenhaufer, S. 78ff., oder Papmehl S. 69ff.]. Mit Hilfe dieser Führungsgrösse lassen sich Aussagen über den momentanen Saldo eines Mitarbeiters machen. Der Saldo sollte als Entscheidungsunterstützung bei Fragen zur Mitarbeiterbeurteilung verwendet werden.

Zufriedenheit

FG	**Fluktuation**	

Die Führungsgrösse "Fluktuation" entspricht dem Verhältnis der in einem Jahr aus dem Unternehmen austretenden Mitarbeiter zur gesamten Anzahl Mitarbeiter.

$$\frac{\text{Austritte}}{\text{Alle Mitarbeiter}}$$

Spezifikation:
- OE: Abteilung oder Unternehmung
- Zeit: pro Jahr
- Objekt: Austritte aus der Organisation (z. B. Pensionierung, Tod, ...)

Austritte: Anzahl Mitarbeiter, die aus der OE ausgetreten oder zu einer anderen OE übergetreten sind.

Alle Mitarbeiter: Gesamtanzahl Mitarbeiter im Unternehmen.

Die Fluktuation kann für unterschiedliche Organisationseinheiten gemessen werden.

4.7.5   Checkfragen

Effektivität

CF	**Auftraggeber- zufriedenheit**	
Zweck	Ziel der Befragung ist es, die Kundenzufriedenheit mit dem Skill-Management zu erheben. Dabei geht es darum, die Leistungen der HR-Abteilung sowie die Methoden und Instrumente, die diese Abteilung zur Verfügung stellt, zu beurteilen.	
Wer	Linienvorgesetzter	
Wann	Periodisch	
Wie	Schriftlich, siehe Beispiel im Anhang A6.1	
Hinweise	keine	

Zufriedenheit

CF	**Mitarbeiter- zufriedenheit**	
Zweck	Die Umfrage zur Mitarbeiterzufriedenheit ist eine Kurz-Umfrage, die eine Momentaufnahme über die herrschende Zufriedenheit darstellt. Vorbereitungen sind keine zu treffen.	
Wer	Mitarbeiter	
Wann	Spontan, beispielsweise im Rahmen einer Sitzung	
Wie	Schriftliche Befragung, wobei die Auswertung sehr transparent geschehen soll, siehe Beispiel im Anhang A6.2	
Hinweise	Die Checkfragen geben einen generellen Überblick über die Zufriedenheit der Befragten. Die Fragen können Probleme aufdecken und zu einer weitergehenden Analyse eines Problembereichs führen.	

Mitarbeiterzufriedenheit: Beispiel Winterthur Versicherungen

Im Rahmen einer Abteilungssitzung wurden die sich im Anhang A6.2 befindenen Checkfragen zum Thema "Mitarbeiterzufriedenheit" gestellt. Die anwesenden 80 Mitarbeiter erhielten die Fragen auf einem Hellraumprojektor und mussten sofort eine anonyme schriftliche Antwort geben. Die Antwortblätter wurden unverzüglich eingesammelt und vor dem Plenum ausgewertet. Somit wurde jegliche Form der Manipulation ausgeschlossen. Die Ergebnisse können wie folgt zusammengefasst werden:

Frage	Durch-schnitt	Keine Meinung	Nicht beantwortet
Anstellungsbedingungen	1.81	-	1
Entwicklungsmöglichkeiten	2.30	1	-
Aufgaben	1.84	1	-
Freiräume	1.57	-	1
Infrastruktur	1.94	-	-
Betriebsklima	1.91	-	-
Führung	2.14	1	2
Weiterbildungsmöglichkeiten	1.62	2	-

Legende:
1: zufrieden;   2: recht zufrieden;   3: mässig zufrieden;   4: unzufrieden

4.8   Technologie-Management

"Technologie-Management" ist die Erkennung und Beurteilung des derzeitigen Stands und zukünftiger Entwicklungen der Informationstechnologie im Hinblick auf deren geschäftliches Einsatzpotential [in Anlehnung an Steinbock, S. 6]. Das Ziel des Prozesses "Technologie-Management" besteht darin, neues, praktisch verwertbares Wissen über die Technik und den Aufbau technischer Leistungspotentiale im Unternehmen zu erlangen.

4.8.1   Effektivität und Effizienz

Effektivität

Die Effektivität des Technologie-Managements beschreibt, inwieweit der Prozess die Wettbewerbssituation des Unternehmens unterstützen kann. "Ein Technologie-Management ist dann als effektiv einzustufen, wenn es ihm gelingt, über die Wahl der Technikstrategie einen zukunftsträchtigen Kurs zu steuern, der sich in einer Verbesserung der Wettbewerbs- und Ertragssituation der Unternehmung ausdrückt" [Bleicher 1991, S. 44]. Operationalisiert bedeutet dies, dass nur der Geschäftserfolg über die Effektivität des Prozesses "Technologie-Management" Auskunft geben kann.

Effizienz

Der Prozess "Technologie-Management" ist dann effizient, wenn es ihm gelingt, neue Technologien frühzeitig zu erkennen, schnell und genau zu beurteilen und über qualitativ hochstehende Empfehlungen (z. B. Pilotprojekte) in konkrete Wettbewerbsvorteile umzusetzen.

Zur Beurteilung der Effizienz des Technologie-Managements dienen die folgenden kritischen Erfolgsfaktoren: Kosten, Qualität, Risikoabschätzung und Zeit. Im prozessspezifischen Fall können weitere kritische Erfolgsfaktoren herangezogen und durch Führungsgrössen und Checkfragen operationalisiert werden.

4.8.2   Leistungen und Aufgaben

Der Zusammenhang zwischen den Leistungen und Aufgaben des Prozesses "Technologie-Management." ist in Abb. 4.8.2/1 dargestellt:

Aufgaben	Leistungen
Technologie-Management-Konzept erstellen	Technologie-Management-Konzept
Technologie-Forecasting	Technologie-Überblick, Reifegrad der Technologien
Technologie-Assessment	Technologie-Anforderungen, -Eignung und -Potential
Technologie-Auswahl	Einzusetzende Technologie
Technologie-Transfer	Know-how-Aufbau beim Kunden
Vorbereitung des Technologie-Einsatzes	Akzeptanz und Nutzung einer Technologie

Abb. 4.8.2/1:   Leistungen und Aufgaben des Prozesses "Technologie-Management"

4.8.3   Stellen und Gremien der Prozessführung

Folgende Stellen und Gremien werden bei der Führung des Prozesses "Technologie-Management" benötigt:

Stellen und Gremien	Prozess "Technologie-Management"
Prozessmanager	Technologieverantwortlicher (Chief Technology Officer CTO)
Prozessausschuss	CTO, Fach- und Org./IT-Bereichsverantwortlicher
Prozesszirkel	CTO, Fachbereichsmitarbeiter, Technologieexperte, Hersteller, Sicherheitsbeauftragter
Prozessentwickler	CTO

Abb. 4.8.3/1:   Stellen und Gremien der Prozessführung

4.8.4   Führungsgrössen

Die folgende Grafik gibt einen Überblick über die Führungsgrössen und Checkfragen des Prozesses "Technologie-Management". Der obere Teil stellt die Instrumente zur Bestimmung der Effektivität des

Prozesses dar. Im unteren Teil der Tabelle enthalten die Spalten die Erfolgsfaktoren, die Zeilen die Aufgaben des Prozesses.

Prozess Technologie-Management

Effektivität

CF Auftraggeberzufriedenheit

Effizienz

Aufgaben \ KEF	Kosten	Qualität	Risiko-abschätzung	Zeit
Aufgabenüber-greifende Führungsgrössen	Aufwand für das Technologie-management	Durchnittliche Erfahrung auf dem Gebiet		
Technologie-Management-Konzept erstellen				
Technologie-Forecasting		Anfragen nach Evaluationen		Geschwindigkeit der Evaluation
Technologie-Assessment	Kosten pro Evaluation	Quellen pro Technologie Evaluationen pro Jahr	CF Risikoaudit	
Technologieauswahl		Anteil der umgesetzten Vorschläge		
Technologie-Transfer				
Vorbereitung des Technologie-Einsatzes			Beurteilung der Technologie	Lebenszyklus-abschnitt

Abb. 4.8.4/1:   Übersichtstafel Prozess "Technologie-Management"

Die Führungsgrössen und Checkfragen bauen auf dem Konzept des Technologie-Managements auf. Es wird also davon ausgegangen, dass eine Liste von relevanten Technologien für den Prozess (oder das Unternehmen) existiert.

Beispiel
Technologie-
liste

> **Technologieliste: Beispiel einer Versicherungsgesellschaft**
>
> In einer grossen schweizerischen Versicherung mit vielen ausländischen Gesellschaften wird vom fachlichen Vorgesetzten aller ausländischen Org./IT-Leiter die folgende Technologieliste vorgegeben.
>
> | Nr. | Technologie |
> |---|---|
> | 1 | Computer-aided Software Engineering |
> | 2 | Objektorientierte Programmierung |
> | 3 | Knowledge-based Systems |
> | 4 | Business Process Redesign |
> | 5 | Workflow Processing |
> | 6 | Imaging |
> | 7 | Client/Server |
> | 8 | Open Systems |
> | 9 | Networking |
> | 10 | Rapid Application Development |
>
> Aufgabe jedes dezentralen Org./IT-Leiters war es nun, für seine Abteilung das Potential und das Know-how der oben genannten Technologien zu schätzen. Aus den Schätzungen über das Potential und das Know-how wurden konkrete Ausbildungsmassnahmen abgeleitet.

Kosten

FG	Prozentualer Aufwand für das Technologie-Management	

Die Führungsgrösse "Prozentualer Aufwand für das Technologie-Management" misst den kostenmässigen Anteil des Technologie-Mangements am gesamten Org./IT-Budget.

$$\frac{\text{Kosten des Technologie-Managements}}{\text{Org./IT-Budget}}$$

Spezifikation:
- OE: Abteilung Technologie-Management
- Zeit: pro Jahr
- Objekt: Technologie-Management

Kosten des Technologie-Managements: Die Kosten, die bei der Konzepterstellung sowie bei der Evaluation der Technologien anfallen.

Org./IT-Budget: Die gesamten jährlichen Kosten der Org./IT-Abteilung.

Die Führungsgrösse beschränkt sich auf die zentral erfassten Aufwände für das Technologie-Management. Aufgaben, die der Prozessmanager des Kundenprozesses wahrnimmt, können nur erschwert erhoben werden.

Kosten

| **F G** | **Kosten pro Evaluation** | 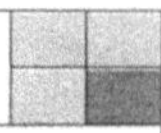 |

Die Führungsgrösse "Kosten pro Evaluation" gibt Auskunft über die durchschnittlichen Kosten einer Technologiebeurteilung. Die Technologieevaluationen können unterschiedliche Formen annehmen. So können gewisse Evaluationen nur auf vorhandener Literatur basieren, andere wiederum können ausgedehnte Pilotprojekte beinhalten. Eine Gruppierung der Evaluationsarten erhöht die Vergleichbarkeit.

$$\frac{\text{Kosten des Technologie-Managements}}{\text{\# Evaluationen}}$$

Spezifikation:
- OE: Abteilung Technologie-Management
- Zeit: pro Jahr
- Objekt: Technologie-Evaluation

Kosten des Technologie-Managements: Die Kosten, die bei der Konzepterstellung sowie bei der Evaluation der Technologien anfallen. .

Anzahl Evaluationen: Die Anzahl Evaluationen beziffert die Anzahl durchgeführter Evaluationen pro Jahr. Die Kosten können gemäss den unterschiedlichen Evaluationsarten aufgeteilt werden.

Die Führungsgrösse "Kosten pro Evaluation" kann entweder summarisch (wie oben dargestellt) berechnet oder durch eine detaillierte Kostenrechnung des Prozesses "Technologie-Management" erhoben werden. Die zweite Berechnungsart ist aufgrund der Heterogenität der Evaluationen (Evaluationsarten) vorzuziehen.

Es gibt heute einen Markt für bestimmte Arten von Technologieevaluation. Der potentielle Auftraggeber kann zwischen verschiedenen externen und internen Anbietern wählen. Dieser Markt zwingt den Prozess "Technologie-Management" zu einem effizienten Umgang mit den Aufwänden pro Beurteilung.

Qualität

| **F G** | **Anzahl Anfragen nach Technologieevaluationen** | 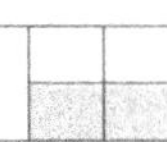 |

Die Führungsgrösse "Anzahl Anfragen nach Technologieevaluationen" erhebt, wie viele Anfragen nach Evaluationen der Prozess "Technologie-Management" im Jahr erhält. Dabei wird davon ausgegangen, dass vergangene, qualitativ hochstehende Evaluationen zu neuen Anfragen führen.

Anfragen nach Technologieevaluationen

Spezifikation:
- OE: Abteilung Technologie-Management
- Zeit: pro Jahr
- Objekt: Anfragen nach Beurteilungen

Anzahl Anfragen nach Technologieevaluationen: Die schriftlichen und mündlichen Anfragen nach Evaluationen.

An den Prozess "Technologie-Management" werden unterschiedliche Arten von Anfragen nach Technologieevaluationen herangetragen: einfache Beurteilungen, die beispielsweise durch einen Verweis auf Literatur oder auf abgeschlossene Evaluationen behandelt werden können; Projektaufträge, die eine vertiefte Untersuchung der Technologie verlangen; oder auch Aufträge, für die unterschiedliche technologische Lösungsvarianten (verschiedene Technologien, verschiedene Hersteller) mittels eines Pilotprojekts erarbeitet werden müssen. Die Anfragen sollten Auskunft geben können, an welcher Art von Evaluationen die Prozesskunden interessiert sind.

Qualität

FG	Prozentualer Anteil der umgesetzten Vorschläge

Die Führungsgrösse "Prozentualer Anteil der umgesetzten Vorschläge" misst die prozentuale Erfolgsquote des Prozesses "Technologie-Management". Der Prozess endet in der Regel mit einem Vorschlag. Der Kunde muss entscheiden, ob er diesen umsetzen will oder nicht.

$$\frac{\text{\# Umgesetzte Vorschläge}}{\text{\# Vorschläge}}$$

Spezifikation:
- OE: FB, der eine Beurteilung gewünscht hat
- Zeit: pro Jahr
- Objekt: IT-Evaluation

Umgesetzte Vorschläge: Anzahl Vorschläge, die der Kunden umsetzt.

Anzahl Vorschläge: Gesamtzahl an Vorschlägen, die der Prozess "Technologie-Management" hervorbringt.

Dieser Wert unterliegt dem subjektiven Urteil des Prozessmanagers. Er kann aber durch einen Vergleich mit den Checkfragen bezüglich Effektivität auf seine Konsistenz überprüft werden.

Der Prozess kann in der betrieblichen Praxis unterschiedliches Gewicht haben. Diese Führungsgrösse ist deshalb sinnvoll bei Prozessimplementationen mit "vorschlagendem" Charakter, bei denen die Ergebnisse einer Technologie-Evaluation für den Auftraggeber nicht zwingend sind. Bei anderen Implementationen, bei denen der Prozess normativen Charakter hat und folglich vorschreibt, welche Technologien zu verwenden sind, ist diese Führungsgrösse wenig sinnvoll.

Qualität

FG	Anzahl Quellen zu einer Technologie

Die Führungsgrösse "Anzahl Quellen zu einer Technologie" gibt Auskunft über die Breite der Evaluation bei den Technologieanbietern. Die Ausgewogenheit einer Evaluation steigt mit der Anzahl Quellen zu einer Technologie.

Quellen zu einer Technologie

Spezifikation:
- OE: Abteilung Technologie-Management
- Zeit: pro Evaluation
- Objekt: Informationsquellen

Anzahl Quellen zu einer Technologie: Unter Quellen versteht man unterschiedliche Anbieter oder Informationen zu einer Technologie. So gibt es beispielsweise im Bereich der WFMS 24 unterschiedliche Produkte sowie 2 vergleichende Berichte von Technologieberatern.

Die Anzahl Quellen zu einer Technologie hängt stark von der Lebenszyklusphase der Technologie ab. Je weiter entwickelt, reifer, eine Technologie ist, desto mehr Quellen [siehe Pfeiffer et al., S. 44] sollten vorhanden sein.

Qualität

FG	**Anzahl Evaluationen pro Jahr**

Die Führungsgrösse "Anzahl Evaluationen pro Jahr" gibt Auskunft über die Anzahl Evaluationen, welche der Prozess pro Jahr durchführt.

# Evaluationen pro Jahr	Anzahl Evaluationen pro Jahr

Spezifikation:
- OE: Abteilung Technologie-
          Management
- Zeit: pro Jahr
- Objekt: Evaluationen

Die Anzahl Evaluationen pro Jahr sollte nach den Evaluationstypen (siehe Führungsgrösse "Kosten pro Evaluation" differenziert werden.

Qualität

FG	**Durchschnittliche Erfahrung auf dem Gebiet**

Die Führungsgrösse "Durchschnittliche Erfahrung auf dem Gebiet" versucht, die Qualifikation der Evaluierenden auf dem zu beurteilenden technologischen Gebiet sowie auf dem Fachgebiet zu klassifizieren. In Anlehnung an den Prozess "Skill-Management" sowie an die SVD [siehe SVD/VDF, S. 31] sind die Fähigkeiten jedes Evaluierenden in eine der fünf Anforderungsstufen (Grundkenntnisse, vertiefte Grundkenntnisse, gute Kenntnisse, sehr gute Kenntnisse, Beherrschung) einzuordnen.

$$\frac{\Sigma \text{ Anforderungsstufen}}{\text{\# Evaluierende}}$$

Summe der Anforderungsstufen: Summe der Qualifikationen im Fach- sowie im Technologiebereich.

Anzahl Evaluierende

Spezifikation:
- OE: Abteilung Technologie-
          Management und FB
- Zeit: -
- Objekt: Fach- und Technologie-
          erfahrung

Die beiden Bereiche (Technologiebereich und Fachbereich) sind gleichermassen zu gewichten. Ziel der Projektzuteilung sollte es sein, ausgewogene Projektgruppen zu bilden. Im Vordergrund steht also die Optimierung, nicht die Maximierung.

Beispiel einer
Versicherung

Durchschnittliche Erfahrung auf dem Gebiet: Anonymisiertes Beispiel einer Versicherung

Die Technologieabteilung einer grösseren schweizerischen Versicherung beschäftigt im Bereich des Techologiemanagements 4 Mitarbeiter zu 100% . Im Auftrag einer Konzerntochter wurde die Eignung von Workflow-Management-Systemen (WFMS) im Bereich der Schadensbearbeitung überprüft. Die beiden erstgenannten Mitarbeiter stammen von der Technologieberatung, der dritte ist ein Mitarbeiter aus der Schadensbearbeitung. Beim vierten Projektbeteiligten handelt es sich um einen externen Berater, der sich auf den Bereich der WFMS spezialisiert hat. Folgende Fach- (d. h. im Bereich der Schadensbearbeitung) und Technologiequalifikationen (d. h. im Bereich von WFMS) wurden ermittelt:

Projekt-mitarbeiter	Tätigkeit	Fach-Qualifikation	Technologie-Qualifikation
Eva Müller	Abteilung Technologie	2	4
Harry Stutz	Abteilung Technologie	3	2
Enzo Calimari	Prozessmanager "Schadensbearbeitung"	5	1
Martin Wagner	Technologieberater	3	5

Die Führungsgrösse "Qualifikation pro Skill" beträgt auf der fachlichen Seite 3,25, auf der technischen Seite 3,0.

Zeit

FG	**Geschwindigkeit der Evaluation**		

Die Führungsgrösse "Geschwindigkeit der Evaluation" misst die Zeitspanne zwischen der Auftragsentgegennahme und der Beendigung der Technologieevaluation.

Beendigung - Entgegennahme	Beendigung: Zeitpunkt der Ablieferung der Technologieevaluation. Entgegennahme: Zeitpunkt der Auftragserteilung.

Spezifikation:
- OE: Abteilung Technologie-Management
- Zeit: Durchschnitt während 1 Jahr
- Objekt: Technologieevaluationen

Die Geschwindigkeit der Evaluation kann für die einzelnen Aufträge oder auch für die Summe aller Aufträge gemessen werden. Die zeitliche Dimension einer Evaluation darf nicht auf Kosten der anderen Erfolgsfaktoren optimiert werden. Allerdings läuft man bei einer zu langsamen Evaluation Gefahr, dass die Technologie zum Zeitpunkt der Abgabe der Empfehlung schon veraltet sein könnte.

Zeit

FG	Lebenszyklus- abschnitt

Zweck der Führungsgrösse "Lebenszyklusabschnitt" ist es, eine Übersicht über das Alter der im Prozess verwendeten Technologien zu gewinnen.

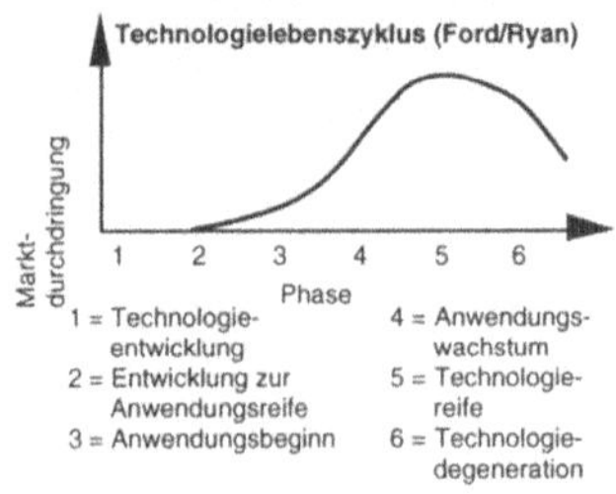

Schätzen Sie pro Technologie in der vorher erstellten Technologieliste, auf welcher Position sich die Technologie im Lebenszyklus befindet.

Spezifikation:
- OE: FB
- Zeit: -
- Objekt: Lebenszyklusabschnitt einer eingesetzten Technologie

Die Beurteilung einer Technologie in bezug auf ihre Reife muss immer im Zusammenhang mit einem bestimmten Applikationstyp durchgeführt werden.

Risikoab-
schätzung

FG	Beurteilung der Technologien

Der Führungsgrösse "Beurteilung der Technologien" baut auf den Ergebnissen der Führungsgrösse "Lebenszyklusabschnitt" auf. Ziel dieser Führungsgrösse ist die Unterstützung bei der Ableitung von Massnahmen aus dem Technologielebenszyklus.

Techn.-Nr.	Ab-schnitt	Massnahmen

Spezifikation:
- OE: FB
- Zeit: jährlich
- Objekt: Lebenszyklusabschnitt der eingesetzten Technologien

Übernehmen Sie die Ergebnisse der Führungsgrösse "Lebenszyklusabschnitt" und beschreiben Sie die Massnahmen pro Technologie, die Sie ergriffen haben bzw. ergreifen werden, damit sich die Technologie durchsetzt.

Beschreiben Sie für Technologien der Abschnitte 1,2,3, mit welcher Wahrscheinlichkeit sich diese auf dem Markt durchsetzen werden und welche Massnahmen Sie vorbereitet haben, falls sich die Technologie auf dem Markt nicht durchsetzt.

Beschreiben Sie für Technologien der Abschnitte 5 und 6 die Folgetechnologie und in welcher Phase sie sich befindet.

Für Technologien der Abschnitte 5 und 6 stellt sich die Frage nach der Folgetechnologie sowie nach dem Ablösungszeitpunkt. Bei Vorliegen mehrerer konkurrierender Technologien empfiehlt sich ein Technologie-Assessment (s. Abschnitt 7.7.3), um die geeignetste Technologie zu bestimmen.

4.8.5   Checkfragen

Effektivität

C F	Auftraggeber- zufriedenheit	
Zweck	Die Auftraggeberzufriedenheit bezieht sich auf Technologie-Evaluationen im Auftrag von Dritten. Ziel der Befragung ist es herauszufinden, ob der Kunde mit den erhaltenen Leistungen zufrieden ist.	
Wer	Fach- oder Org./IT-Bereichsprozessmanager.	
Wann	Nach Abschluss einer Technologie-Evaluation	
Wie	Schriftlich, siehe Anhang A7.1	
Hinweise	-	

Risiko-vermeidung

C F	Risiko- audit	
Zweck	Ziel des Risikoaudits ist es, das Risiko oder auch die Erfolgswahrscheinlichkeit bei der Einführung einer neuen Technologie zu prüfen.	
Wer	Prozessmanager	
Wann	Während der Auswahl einer neuen Technologie	
Wie	Schriftlich, siehe Anhang A7.2 Die Checkfragen entstammen einem Fragebogen von Goodman/Lawless, S. 134ff.].	
Hinweise	Das Risikoaudit soll den Prozessmanager, der vor der Einführungsentscheidung steht, unterstützen. Mit Hilfe der Checkfragen soll er prüfen können, ob die Organisation, der Prozess und die Technologie für eine Einführung reif sind. Der Audit ist aufgeteilt in fünf Bereiche: Technologie, Markt, Organisation, Umwelt und Branche. Die Summe der Punktzahlen ergibt das Risiko pro Bereich. Die fünf Bereiche zusammen bilden das Risikoprofil. 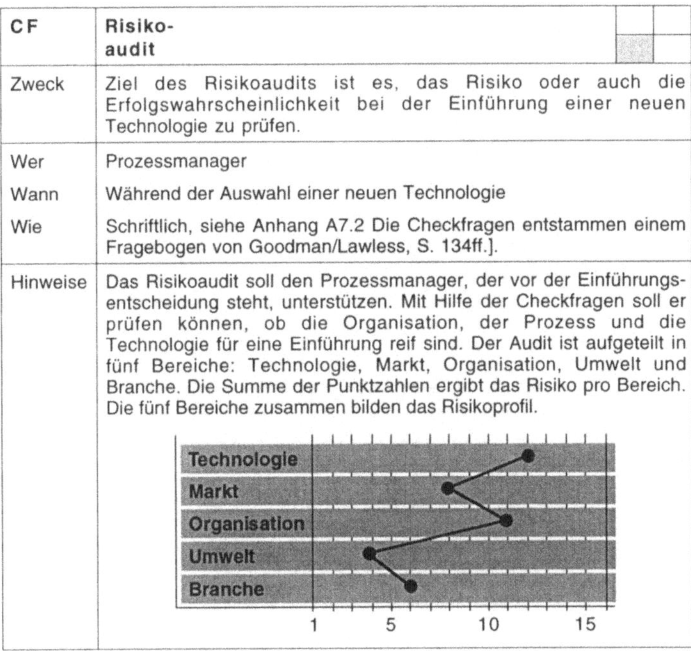	

4.9   Führung

Der Prozess "Führung" ist für die übergeordnete Steuerung und Koordination der Informatikprozesse verantwortlich [Mende, S. 5].

4.9.1   Effektivität und Effizienz

Effektivität

Die Effektivität des Informatikprozesses "Führung", also der spezifische Beitrag zum wirtschaftlichen Erfolg des gesamten Unternehmens, ist schwer zu erheben [siehe Strassmann, S. 77f.]. Da das Ziel in der Ableitung von Führungsgrössen und Checkfragen liegt, beschränkt sich diese Darstellung auf die Effektivität der vier aufgeführten Aufgaben.

Die Effektivität der einzelnen Aufgaben kann der Vorgesetzte der Aufgabenträger oder der Aufgabenträger (Prozessmanager) selbst überprüfen. Die Selbstkontrolle durch den Aufgabenträger im Sinne eines Prozessausschusses oder Prozesszirkels [siehe Mende, S. 164ff.] kann und soll zu einer Prozessverbesserung führen.

EURASE

Führungsgrössen und Checkfragen sind Indikatoren für die Performance oder den Zustand der Org./IT-Abteilung. Die Möglichkeiten der Beeinflussung zur Förderung der Effektivität in der Org./IT-Abteilung nennt man Hebel ("Lever"). Beispiele solcher Hebel sind die Verrechnungspolitik, die Einkaufspolitik oder die Bezahlung von Bonussen (Eine Auflistung und Definition von Hebeln findet man in EURASE [EURASE, S. 6ff.]). Bei Abweichungen in der Zielerreichung (gemessen an den Führungsgrössen) kann es sich lohnen, den Zustand der individuellen Hebel kritisch zu überprüfen, um die Ursache der Abweichung festzustellen.

Die Effizienz des Prozesses "Führung" gibt Auskunft darüber, wie gut im Sinne der Wirtschaftlichkeit die Leistungen des Prozesses erzeugt werden. Im Rahmen dieses Buches wird die Effizienz des Prozesses "Führung" anhand der vier kritischen Erfolgsfaktoren Zeit, Qualität, Kosten und Flexibilität beurteilt.

4.9.2   Leistungen und Aufgaben

Der Zusammenhang zwischen den Leistungen und Aufgaben des Prozesses "Führung" ist in Abb. 4.9.2/1 dargestellt:

Aufgaben	Leistungen
Leistungsausweis	Darstellung über den Zustand der Org./IT-Abteilung
Planung und Budgetierung	Vision, Konzept, Architektur, Entwicklungsplan, Standards, Vorgehensweisen, Budgets
Verrechnung	Zuordnung von Leistungsbezügen, Rechnungen, Geldrückflüsse
Controlling	Bereitstellung von Information und Methoden, Koordinationsleistungen

Abb. 4.9.2/1:   Leistungen und Aufgaben des Prozesses "Führung"

4.9.3   Stellen und Gremien der Prozessführung

Die Stellen und Gremien bei der Führung des Prozesses "Führung" sind je nach Aufgabe sehr unterschiedlich (siehe Abb. 4.9.3/1):

Stellen und Gremien	Prozess "Führung"
Prozessmanager	Org./IT-Verantwortlicher
Prozessausschuss	Org./IT-, Fachbereichs- und Unternehmensverantwortliche, Finanzchef
Prozesszirkel	Org./IT- und Fachbereichscontroller, Planungsverantwortlicher
Prozessentwickler	u.a. Org./IT-Verantwortlicher und Controller

Abb. 4.9.3/1:   Stellen und Gremien der Prozessführung

4.9.4   Führungsgrössen

Die Übersichtstafel (Abb. 4.9.4/1) gibt Auskunft über die Führungsgrössen und Checkfragen zur Effektivität und Effizienz im Prozess "Führung". Die Zellinhalte der Matrix stellen diejenigen Kombinationen dar, die mit Führungsgrössen oder Checkfragen operationalisiert werden.

Prozess Führung

Effektivität

CF Effektivität des Leistungsausweises   CF Verrechnungseffektivität

CF Planungs-/Budgetierungs-Effektivität   CF Controlling-Effektivität

Effizienz

Aufgaben \ KEF	Flexibilität	Kosten	Qualität	Zeit
Gesamtprozess		Verwaltungs-anteil		
Leistungsausweis				Termintreue
Planung und Budgetierung	CF Planungs-flexibilität Nicht verplante Zeit	Kostenanteil der Planung Budget-abweichung	Priorisierungs-tabelle Entwicklungs-anteil CF Planungs-prozess CF pro Plan	Planungs-DLZ Termintreue
Verrechnung		Kosten der Verrechnung	Verrechenbarer Aufwand CF Verrech-nungsqualität	Termintreue
Controlling			CF Controlling-qualität	Termintreue

Abb. 4.9.4/1:   Übersichtstafel Prozess "Führung"

Flexibilität

FG	Nicht verplante Zeit	

Die Führungsgrösse "Nicht verplante Zeit" gibt Auskunft über die geplanten zeitlichen Reserven pro Erhebungseinheit. Durch die Unsicherheit in der Planung und Budgetierung muss beträchtliche Reservezeit eingeplant werden [vgl. Haufs, S. 147].

$$\frac{\text{Nicht verplante Zeit}}{\text{Jahresarbeitszeit}}$$

Spezifikation:
- OE: FB und Org./IT-Bereich
- Zeit: pro Jahr
- Objekt: geplante Zeitreserven

Nicht verplante Zeit: Anzahl Tage, die noch frei verfügbar sind.

Jahresarbeitszeit: Bei einem vollbeschäftigten Mitarbeiter ca. 250 Tage.

Die Führungsgrösse gibt Auskunft darüber, wieviel Prozent der Zeit für unvorhergesehene Arbeiten aufgewendet werden können. Unvorhergesehene Aufgaben wird es immer geben. Diese Tatsache muss in der Planung berücksichtigt werden. Die Führungsgrösse kann für verschiedene Einheiten (Mitarbeiter, Abteilung) erhoben werden.

Kosten

FG	Kosten der Verrechnung	

Die Führungsgrösse "Kosten der Verrechnung" bezieht sich auf zwei Aspekte der Verrechnung, nämlich auf die erstmaligen Kosten der Verrechnung (Entwicklung der Verrechnungsmodelle und Applikationen) und auf die laufenden, jährlich wiederkehrenden Kosten für die Verrechnung (aus Betrieb, Entwicklung, Schulung und Beratung [vgl. Haufs, S. 95]).

Kosten der Leistungsverrechnung pro Jahr

Spezifikation:
- OE: Controlling-Abteilung
- Zeit: pro Monat oder pro Jahr
- Objekt: Verrechnungspreise für Org./IT-Leistungen

Kosten der Leistungsverrechnung: Erstmalige oder laufende Kosten der Leistungsverrechnung.

Die Verrechnung ist eine nicht-wertschöpfende Aufgabe. Sie sollte zwecks Kosteneinsparung so weit wie möglich automatisiert werden.

Kosten

FG	Kostenanteil der Planung	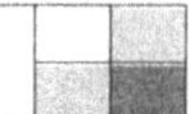

Die Führungsgrösse "Kostenanteil der Planung" ermittelt den prozentualen Anteil des Planungsaufwands im Verhältnis zum Gesamtaufwand.

$$\frac{\text{Planungskosten}}{\text{Gesamtkosten der Org./IT-Abt.}}$$

Spezifikation:
- OE: Planungsabteilung
- Zeit: pro Jahr
- Objekt: Planungskosten

Planungskosten: Die Planungskosten werden durch die Multiplikation der für die Planung aufgewendeten Stunden mit einem internen Satz berechnet.

Gesamtkosten: Gesamte Kosten der Org./IT-Abteilung.

Das "richtige" Verhältnis der Planungs- zu den Gesamtkosten kann nur durch eine längere Beobachtung der Kostenentwicklung festgestellt werden.

Kosten

FG	Budget-abweichung	

Die Führungsgrösse "Budgetabweichung" gibt Auskunft darüber, wie genau das vorgegebene Budget eingehalten wird.

$$\frac{\text{Effektive Aufwände}}{\text{Geplante Aufwände}}$$

Spezifikation:
- OE: Controlling-Abteilung
- Zeit: jederzeit
- Objekt: Kosten im Org./IT-Bereich

Effektive Aufwände: Effektive Ausgaben, die während eines bestimmten Erhebungszeitraums in der Org./IT-Abteilung angefallen sind.

Geplante Aufwände: Die für den Erhebungszeitraum gemäss Budget geplanten Aufwände.

Die Budgetplanung und die Kostenkontrolle sind wichtige Führungsinstrumente in der Informatik. Grössere Abweichungen vom geplanten Bestand können auf eine ungenügende Planung oder Umsetzung zurückzuführen sein.

Qualität

FG	Priorisierungs- tabelle

Die Führungsgrösse "Priorisierungstabelle" gibt Auskunft darüber, wie weit die Projekte fortgeschritten und wie gut die Prioritäten im applikatorischen Entwicklungsplan umgesetzt worden sind.

Erfüllungsgrad:

	erledigt	7		$\dfrac{12}{55}$
4		1	
in Arbeit	10	5	$\dfrac{24}{55}$
3		6	
wartend	8	9	$\dfrac{19}{55}$
2			

Priorität: Priorisieren Sie die bewilligten Projekte, wobei "1" die niedrigste und "X" die höchste Priorität geniesst.

Fortschrittsstufe: Ein Projekt kann abgeschlossen, in Arbeit oder noch nicht begonnen (wartend) sein. Ein Projekt gilt als "in Arbeit", wenn mehr als 5% vom bewilligten Aufwand auf das Projekt rapportiert sind.

Der Nenner des Erfüllungsfaktors entspricht der Summe der Prioritäten pro Fortschrittsstufe. Der Zähler entspricht der Summe der Prioritäten.

Spezifikation:
- OE: Planungs- oder Controlling-Abteilung
- Zeit: jederzeit
- Objekt: laufende Projekte

Die Priorisierungstabelle gibt eine Übersicht darüber, inwieweit die Projekte mit einer hohen Priorität erledigt, in Arbeit oder noch nicht begonnen sind.

Qualität

FG	Entwicklungs- anteil

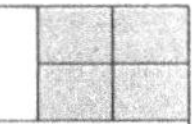

Die Führungsgrösse "Entwicklungsanteil" gibt Auskunft über das Verhältnis der Investitionen in neue Applikationen zu den Ausgaben für die Wartung der bestehenden Applikationen.

$$\dfrac{\text{Entwicklung}}{\text{Gesamte Investitionssumme}}$$

Entwicklung: Projekte mit dem Ziel, eine neue Applikation für das Geschäft zu entwickeln.

Gesamte Investitionssumme: Summe der Ausgaben für Entwicklung und Wartung der bestehenden Applikationen.

Spezifikation:
- OE: Planungs- oder Controlling-Abteilung
- Zeit: jederzeit
- Objekt: Aufwand für Neuentwicklungen in der Org./IT.

Der Entwicklungsanteil ist ein Indikator für die Zukunftsausrichtung der Entwicklung. Ein sehr kleiner Entwicklungsanteil deutet auf eine Stagnation auf bestehenden Systemen und zuwenig Aktivität bei der Gestaltung der Zukunft hin.

Qualität

FG	Verrechenbarer Aufwand	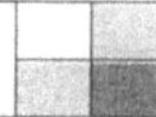

Die Führungsgrösse "Verrechenbarer Aufwand" gibt Auskunft darüber, wieviel Prozent der angefallenen Kosten direkt den Kunden weiterverrechnet werden.

$$\frac{\text{Verrechenbare Kosten}}{\text{Gesamtkosten}}$$

Spezifikation:
- OE: Planungs- oder Controlling-Abteilung
- Zeit: pro Monat
- Objekt: Kostenanteile, die von den Kunden der Org./IT-Abt. getragen werden

Verrechenbare Kosten: Org./IT-Kosten, die an die Kunden bzw. Auftraggeber weiterverrechnet werden können.

Gesamtkosten: Gesamte Kosten der Org./IT-Abteilung.

Ein Ziel der Leistungsverrechnung ist es, dass der Anteil der direkt verrechneten Kosten maximiert wird und möglichst wenig Kosten über Schlüssel verteilt werden müssen. Voraussetzung für eine Kostenverrechnung ist eine Preisliste und ein Mess-System für die Leistungen der Org./IT-Abteilung.

Zeit

FG	Termin-treue	

Die Führungsgrösse "Termintreue" misst, wie die vereinbarten Termine in den verschiedenen Aufgaben eingehalten werden. Der Kunde erwartet, dass die vereinbarten Termine erfüllt oder sogar unterschritten werden.

$$\frac{\text{Soll-Projektdauer}}{\text{Ist-Projektdauer}}$$

Spezifikation:
- OE: Planungsabteilung
- Zeit: -
- Objekt: Termineinhaltung

Soll-Projektdauer: Die vom Prozesskunden und vom Aufgabenträger vereinbarte Zeitdauer der Leistungserbringung.

Ist-Projektdauer: Tatsächliche Zeitdauer der Leistungserbringung durch den Aufgabenträger.

Die Termintreue kann auf verschiedene Arten gemessen werden. Zwei Beispiele für die Quantifizierung der Termintreue sind der prozentuale Anteil von Terminüberschreitungen und der Umfang der Terminüberschreitungen. Die oben dargestellte Formel beschreibt die Terminüberschreitung für eine Instanz. Diese Grösse kann über alle Instanzen erhoben werden.

Zeit

FG	Planungsdurchlaufzeit (Planungs-DLZ)	
	Die Führungsgrösse "Planungsdurchlaufzeit" misst, wie lange es dauert, einen Plan zu erstellen. Die Führungsgrösse wird durch die Plandauer relativiert.	

$$\frac{\text{Planungszeit}}{\text{Planungsgültigkeit}}$$

Spezifikation:
- OE: Planungs-Abteilung
- Zeit: nach Abschluss der Planung
- Objekt: Dauer zur Planerstellung

Planungszeit: Dauer, bis ein Plan erstellt ist (z. B. 0.4 Jahre).

Planungsgültigkeit: Zeitliche Gültigkeit eines Plans (z. B. 3 Jahre).

Die Planungsdurchlaufzeit gibt einen Hinweis darauf, wie lange eine Organisation braucht, um einen Plan zu erstellen.

4.9.5   Checkfragen

Die folgenden Checkfragen sind nicht nach den Erfolgsfaktoren, sondern nach den zu erledigenden Aufgaben gegliedert.

Effektivität der Planung und Budgetierung

CF	Planungs- und Budgetierungseffektivität
Zweck	Das Ziel der Erhebung der Planungs-/Budgetierungseffektivität ist es zu prüfen, ob der Prozess aus Kundensicht, d. h. aus Sicht der Unternehmensleitung, der Org./IT- und Fachbereichsprozessmanager, die richtigen Leistungen erbringt. Die richtigen Leistungen sollten dazu führen, dass die Org./IT-Abteilung einen wesentlichen Beitrag zur Wertschöpfung des Unternehmens beisteuert.
Wer	Unternehmensleitung, die Prozessmanager aus den Fach- sowie aus der Org./IT-Bereich
Wann	Jährliche Wiederholung
Wie	Schriftlich, siehe Anhang A8.1
Hinweise	Die zeitliche Verzögerung zwischen der Planung/Budgetierung und der Realisierung der Nutzen durch die Systeme zwingt die Org./IT-Abteilung, zukunftsorientiert zu denken und zu handeln.

Qualität der Planung und Budgetierung

CF	Planungsprozess
Zweck	Die Checkfragen zum Planungsprozess prüfen die Effizienz des gesamten Prozesses. Sie dienen der Überprüfung der qualitativen Vollständigkeit.
Wer	Planungsverantwortliche (Prozessmanager) oder Planungsspezialisten
Wann	Jederzeit
Wie	Schriftlich, siehe Anhang A8.2
Hinweise	Die mit Hilfe der Checkfragen entdeckten Schwachstellen des Planungsprozesses sollten durch geeignete Massnahmen behoben werden.

Qualität der Planung und Budgetierung

C F	Checkfragen pro Plan
Zweck	Neben den vorgängig aufgeführten Checkfragen zum Prozess als Ganzes können auch Checkfragen zum elementaren Plan erhoben werden. Mit Hilfe dieser Checkfragen soll primär im Sinne einer Selbstkontrolle überprüft werden, ob der entworfene Plan gewissen Anforderungen entspricht.
Wer	Planender
Wann	Während der Planung
Wie	Schriftlich, siehe Anhang A8.3
Hinweise	Die Fragen sind genereller Natur und gelten für eine Vielfalt von Plänen. Nach Planungshorizont gegliederte, detailliertere Checkfragen sind bei [Reifer, S. 184ff.] zu finden. Massnahmen aus der Checkliste sollte der Planende selbst ableiten.

Flexibilität der Planung

C F	Planungs-flexibilität
Zweck	Aufgrund der Unvorhersehbarkeit der Zukunft ist Planungsflexibilität von grosser Wichtigkeit. Flexibilität bei der Planung kann zweierlei heissen: einerseits der Entwurf von unterschiedlichen Plänen je nach eintretendem Szenario, andererseits die Bereithaltung von Management-Kapazität zur Bewältigung unvorhergesehener Ereignisse. Die Checkfragen sollten als Anregung für mögliche Gebiete der Flexibilität verstanden werden.
Wer	Planungsverantwortlicher
Wann	Während der Planung
Wie	Schriftlich, siehe Anhang A8.4
Hinweise	Die Checkfragen zur Flexibilität basieren auf der Zeitschrift "Die Orientierung, Flexibilisierungsmanagement" [siehe Klimecki et al.]. Für weitere Erklärungen oder eine Beschreibung der einzelnen Instrumente sei auf dieses Werk oder die darin zum Thema "Flexibilität" aufgeführte Literatur verwiesen.

Effektivität der Verrechnung

C F	Verrechnungs-effektivität
Zweck	Effektivität ist der Grad der Übereinstimmung mit den Kundenerfordernissen. Die Gliederungskriterien stammen von Allen [Allen, S. 59]. Sie sollten die Kundenzufriedenheit mit dem Verrechnungssystem prüfen. Der Kunde muss wissen, wie die Leistungen verrechnet werden und wie er die Verrechnung durch eine Veränderung seines Konsumverhaltens beeinflussen kann.
Wer	Vorgesetzter der leistungsbeziehenden Einheiten
Wann	Periodische Wiederholung
Wie	Schriftlich, siehe Anhang A8.5
Hinweise	Der für die Verrechnung Verantwortliche sollte die Ergebnisse auswerten. An die Befragten sollte eine Rückmeldung erfolgen.

Qualität der Verrechnung	**C F**	**Verrechnungs-qualität**
	Zweck	Die Verrechnungsqualität prüft die Leistungsverrechnung aus interner Sicht. Es soll also überprüft werden, wie effizient die Verrechnung durchgeführt wird. Das Ziel der Effizienz lässt sich in bezug auf die Verrechnung mit drei Kriterien umschreiben: kostengünstig (d.h. vollautomatisch), vollständig (d. h. alle Kosten werden verrechnet) und beeinflussbar (d. h. die Org./ITLeitung kann das Verrechnungssystem für die Feinsteuerung des Leistungsbezugs verwenden).
	Wer	Verrechnungsverantwortlicher, ev. Controller
	Wann	Periodische Wiederholung
	Wie	Schriftlich, siehe Anhang A8.6
	Hinweise	Die Auswertung und die Einleitung von Verbesserungsmassnahmen sollte der Verrechnungsverantwortliche selbst vornehmen.

Effektivität des Controlling	**C F**	**Controlling-effektivität**
	Zweck	Die Effektivität beurteilt das Controlling aus Sicht der Abnehmer der Leistung. Die Befragung prüft die Zufriedenheit der Kunden mit dem Controlling und den erbrachten Leistungen.
	Wer	Abnehmer der Controlling-Information (i. d. R. ein Verantwortungsträger in der Org./IT-Abteilung)
	Wann	Jederzeit
	Wie	Schriftlich, siehe Anhang A8.7
	Hinweise	Die Befragung sollte mit konkreten Verbesserungsvorschlägen verbunden sein.

Qualität des Controlling	**C F**	**Controlling-qualität**
	Zweck	Die beiliegenden Checkfragen prüfen die Vollständigkeit des Controllings. Für eine umfassende Befragung wird auf die Fragebogen von Suter [Suter, 1994] verwiesen.
	Wer	Org./IT-Controller
	Wann	Jederzeit
	Wie	Schriftlich, siehe Anhang A8.8
	Hinweise	Die Auswertung sollte der Controller selbst (eventuell in einem Gremium von Controllern) vornehmen, damit die Umsetzung der Verbesserungen auf Eigeninitiative beruhen kann.

Effektivität des Leistungs-ausweises	**C F**	**Effektivität** **des Leistungsausweises**		
	Zweck	Primärer Kunde der Aufgabe "Leistungsausweis" ist die Unternehmensleitung. Mittels Checkfragen kann überprüft werden, ob die ausgewiesenen Informationen über die Org./IT-Abteilung den Erfordernissen der Kunden entsprechen.		
	Wer	Unternehmensleitung		
	Wann	Jederzeit		
	Wie	Schriftlich, siehe Anhang A8.9		
	Hinweise	Die Auswertung der Befragung durch die Ersteller des Leistungsausweises sollte Hinweise auf die Erwartungen der "Kunden" geben.		

5.1   Zusammenfassung

Ergebnisse

Das vorliegende Buch beschreibt ein Performance Measurement System für die ausgewählten Informatikprozesse. Sie stellt verschiedene Ergebnisse im Rahmen der Prozessentwicklung vor: insbesondere eine Prozesslandkarte und ein Prozessverzeichnis und die Beschreibung der effektivitäts- und effizienzbestimmenden Führungsgrössen und Checkfragen.

Nutzen

Das Buch stellt einen, vom Konzept und vom Umfang her, neuartigen Ansatz dar. Es gibt kein anderes PMS, das eine ähnliche Kombination der Prozessorientierung und Führung der Org./IT-Abteilung abdeckt. Das heisst aber nicht, dass die bestehenden Ansätze nicht mehr zu verwenden sind. Die Kombination der vorhandenen, sehr detaillierten Systeme, mit dem vorgestellten ganzheitlichen Ansatz, kann bleibenden Nutzen erzielen. Das Verhältnis vom Bestehenden zum Neuen muss im Einzelfall entschieden werden.

5.2   Ausblick

Veränderungen

Die Veränderungen in der Informatikwelt prägen den Ausblick in die Zukunft des Performance Measurements. Durch die Veränderungen und Neuerungen werden auf zwei Ebenen neue Herausforderungen an ein PMS generiert. Auf der Informatikebene ("Baseline Prozesse") entstehen neue Arten der Verarbeitung, neue Formen der Organisation und neue Mitarbeiter-Bedürnisse. Auf der Messebene sind die selben Dimensionen ebenfalls einem ständigen Wandel ausgesetzt. So entstehen neue Messtechniken, neue Messorganisationen und veränderte Einstellungen der Mitarbeiter zur Messung.

Im Rahmen dieses Abschnitts werden drei Gebiete der prozessübergreifenden Weiterentwicklung besprochen, die organisatorischen und menschlichen Möglichkeiten sowie Potentiale, die sich durch den Einsatz von computergestützten Tools ergeben.

Organisatorische Veränderungen

Die Reorganisation einer Org./IT-Abteilung gemäss PROMET führt zu einer neuen Organisation. Charakteristisch dabei sind die klare Definition der Leistungen, die Abläufe und die Schnittstellen zu den Prozesskunden. Die Führung der einzelnen Prozesse mittels Zielwert führt zu einer kontinuierlichen Verbesserung, indem das Ziel mit dem tatsächlich Erreichten verglichen wird und daraus Verbesserungs-massnahmen abgeleitet werden. Diesen Vorgang nennt man "kontinu-ierliche Verbesserung". Die Messung des Zielerreichungsgrads ist Sache des Prozessmanagers. In der nahen Zukunft ist es möglich, dass sich die Prozessorientierung als primäre Organisationsform entwickelt [vgl. Servatius, S. 73ff. oder Hammer/Champy, S. 65ff].

Menschliche Verände-rungen

Die Leistungsmessung einzelner Gruppen oder sogar Mitarbeiter ist in Produktionsstätten die Regel, bei den Dienstleistern ist sie die Ausnahme. Der Trend heute und sicherlich in den kommenden Jahren geht dahin, dass die "white-collar" Berufe der Leistungsmessung unterzogen werden. Erste Schritte sind beispielsweise bei der Produktivitätsmessung einzelner Applikations-Entwicklungsgruppen in den Schweizer Grossbanken. Logische, aber auch umstrittene Weiterentwicklung ist die Verknüpfung der Leistungsfähigkeit mit dem Entgelt. Dieser Schritt ist in unserem Kulturraum noch eher fremd, aber im angelsächsischen Raum heute schon Tatsache.

Techno-logische Verände-rungen

Der dritte prozessunabhängige Weiterentwicklungsbereich betrifft die elektronische Unterstützung bei der Erhebung von Führungsgrössen und Checkfragen. Verschiedene Arten von technischer Unterstützung sind denkbar, so beispielsweise im Bereich der Auswahl und des Customizing von Führungsgrössen und Checkfragen, bei der Erhebung und bei der Darstellung der Ergebnisse. Ein Ziel dieser Arbeit ist es, die Org./IT-Abteilung verschiedener Unternehmen vergleichbarer zu machen. Hierzu ist das Benchmarking als Technik sehr nützlich. Verschiedene Tools sind heute kommerziell erhältlich, die dem Verantwortlichen bei der Erhebung von Benchmarking-Werten behilflich sind.

Anhang: Checkfragen

A1 Prozess Entwicklung

A1.1 Auftraggeberzufriedenheit

Nr.	Frage	1	2	3	4
Auftraggeberzufriedenheit					
Zeit					
1	Wurde das Projekt zum vereinbarten Termin abgeschlossen?				
2	Sind Sie mit der Entwicklungsgeschwindigkeit zufrieden?				
Zusammenarbeit					
3	Sind Sie der Meinung, dass Ihre Mitarbeiter genügend oft mit den Informatik-Mitarbeitern zusammenarbeiten?				
4	Sind Sie mit der Art der Zusammenarbeit Ihrer Mitarbeiter mit den Informatik-Mitarbeitern zufrieden?				
Kosten					
5	Sind die Kosten zu Beginn des Projekts richtig geschätzt worden?				
6	Sind Sie mit der Höhe der anfallenden Kosten einverstanden?				
Qualität					
7	Sind Sie mit der Qualität des Produkts zufrieden?				
8	Sind Sie der Meinung, dass der Entwicklungsprozess als Gesamtes zu guten Produkten führt?				
9	Sind die Benutzer in genügendem Masse und in genügender Qualität auf dem neuen System geschult worden?				
Gesamteindruck					
10	Ist das Ziel des Auftrags erreicht worden?				
11	Haben Sie grosses Vertrauen in das neue System?				

A1.2 Benutzerzufriedenheit

Benutzerzufriedenheit					
Nr.	**Frage**	**1**	**2**	**3**	**4**
Entwicklung					
1	Sind die Daten und Reports in ihrer Darstellung flexibel?				
2	Sind die Ergebnisse der Transaktionen immer korrekt?				
3	Entspricht die Handhabbarkeit des Systems Ihren Erwartungen?				
4	Sind die Erwartungen bezüglich des Funktionsumfangs erfüllt worden?				
Systemverwendung					
5	Sind die Antwortzeiten gut?				
6	Ist das System robust und zuverlässig?				
7	Ist das System oft nicht benutzbar?				
Diverses					
8	Entspricht die Benutzerdokumentation den Benutzerbedürfnissen?				
9	Sind Sie auf dem neuen System in genügender Weise ausgebildet worden?				
10	Ist das System leicht erlernbar?				
11	Verstehen Sie das neue System?				
12	Haben Sie grosses Vertrauen in das neue System?				

A1.3   Benutzerinteraktion

Benutzerinteraktion				
Nr.	**Frage**	**1**	**2**	**3**	**4**
Verantwortung					
1	Tragen Sie die Hauptverantwortung für das Entwicklungsprojekt?				
Vereinbarungen					
2	Haben die Informatik-Mitarbeiter eine Vereinbarung über die zu erledigende Arbeit aufgestellt?				
3	Sind Sie in der Lage, Änderungen an der Vereinbarung über die zu erledigende Arbeit vorzunehmen?				
4	Haben Sie die Vereinbarung über die von den Informatik-Mitarbeitern zu erledigende Arbeit bewilligt?				
Kommunikation					
5	Werden Sie durch die Informatik-Mitarbeiter bezüglich Fortschritt und/oder Probleme auf dem Laufenden gehalten?				
Kontrolle					
6	Haben Sie die von den Informatik-Mitarbeitern erledigte Arbeit überprüft?				
7	Haben Sie die von Mitarbeitern der Informatikabteilung erledigte Arbeit verabschiedet?				

A1.4   Prozessqualität

Prozess-Qualität					
Nr.	**Frage**	1	2	3	4
Vorgehen					
1	Erfolgt die Projektentwicklung nach einer schriftlich vorgegebenen Methode und kann methodische Unterstützung vom Projektleiter angefordert werden?				
2	Gibt es vorgegebene Methoden und Hilfsmittel für die Erstellung von Zeit- und Aufwandschätzungen?				
3	Sind Zeit- und Aufwandschätzungen für den Projektleiter verbindlich?				
4	Gibt es formalisierte Reviews mit Go/No-Go-Entscheiden durch den Kunden nach jeder Aufgabe?				
5	Gibt es ein definiertes Verfahren für die Projektauswahl und -priorisierung?				
6	Werden Standards (z.B. Dokumentations- und Reviewstandards) von der Informatik-Leitung vorgegeben und kontrolliert?				
7	Werden Statistiken über Fehler und Testabdeckungen erstellt, analysiert und aufbewahrt?				
Konfigurations-Management					
8	Werden Veränderungen an der Anforderungsspezifikation zentral erfasst und auf ihre Auswirkungen auf den Gesamtprojektplan geprüft?				
Ressourcen					
9	Gibt es obligatorische Ausbildungskurse für die Projektleiter, Anwendungsentwickler und Code-Reviewer?				
10	Gibt es Instrumente für die Erkennung und den Ersatz bzw. die Einführung von alten bzw. neuen Technologien?				
Kontinuierliche Verbesserung					
11	Ist die periodische Überprüfung des Prozesses institutionalisiert?				

A2   Prozess Ausbildung

A2.1   Auftraggeberzufriedenheit

Nr.	Frage	1	2	3	4
Auftraggeberzufriedenheit					
Gesamtbeurteilung					
1	Hat das Seminar Ihren Mitarbeitern zur Umsetzung deren Ziele etwas genützt?				
2	Werden Sie andere Mitarbeiter Ihrer Organisationseinheit an dieser Bildungsmassnahme teilnehmen lassen?				
3	Sind Sie mit dem Kosten-/Nutzen-Verhältnis dieser Bildungs-massnahme zufrieden?				
4	Sind Sie mit den vermittelten Inhalten zufrieden oder hätte die Bildungsmassnahme noch mehr auf die Bedürnisse Ihrer Abteilung Rücksicht nehmen müssen?				
5	Wie lange dauert es, bis der Ausgebildete sein neuerworbenes Wissen anwenden konnte? 1=sofort 2= innerhalb eines Monats 3= innerhalb von 3 Monaten 4= noch nicht				
6	Sind Sie mit dem Ausbildner zufrieden?				

A2.2 Teilnehmerzufriedenheit

Teilnehmerzufriedenheit					
Nr.	**Frage**	**1**	**2**	**3**	**4**
Gesamteindruck					
1	Wie stufen Sie dieses Seminar ein?				
2	Würden Sie diese Bildungsmassnahme anderen Mitarbeitern des Unternehmens weiterempfehlen?				
3	War die Dauer des Seminares zur Erreichung der angegebenen Ziele angepasst?				
Schulungsinhalte					
4	In welchem Masse sind die gesetzten Ziele erreicht worden?				
5	In welchem Masse sind die vermittelten Inhalte für Ihr Aufgabengebiet anwendbar?				
Referenten					
6	Wie bewerten Sie deren Sachkenntnis?				
7	Wie waren Inhalt und Methodik aufeinander abgestimmt?				
8	Wie bewerten Sie Klarheit und Verständlichkeit der Inhalte?				
Organisation und Atmosphäre					
9	Wie bewerten Sie das zwischenmenschliche Klima?				
10	Wie war die von Ihnen gewünschte Beratung und Information vor dem Seminar?				
11	Haben Sie Anmeldebestätigung und Einladung rechtzeitig erhalten?				
12	Ist die Seminarorganisation auf Ihre Seminarwünsche eingegangen?				
13	Wie beurteilen Sie die Hotel- bzw. Seminarräume?				
14	Wie beurteilen Sie die Verpflegung?				
15	Wie beurteilen Sie die Seminardokumentation?				

A2.3 Ausbildnerqualität

Nr.	Frage	1	2	3	4
Befähigung					
1	Ausbildung				
2	Didaktisches Geschick				
3	Lebenslauf				
4	Alter				
Erfahrungen und Referenzen					
5	in Referententätigkeit				
6	didaktisches Können				
7	Einsatzgebiete				
8	Berufserfahrung				
9	Erfahrungspotential im Sachgebiet				
10	ausgewiesene				
11	erfragt bei Klienten				
12	Honoraransätze (1 = niedrig, 4 = hoch)				
Verfügbarkeit und Kontinuität					
13	zeitlich				
14	Kapazität				
15	Flexibilität				
16	Existenz des Anbieters				
17	Gewähr für die Verfügbarkeit des Mitarbeiters				
Präsentation					
18	Verständlichkeit, Ausdrucksfähigkeit				
19	Überzeugungskraft				
20	gesellschaftliche Stufe				
21	Einfühlsamkeit				
22	Auftreten				

A3 Prozess Beratung

A3.1 Klientenzufriedenheit

Klientenzufriedenheit		1	2	3	4
Nr.	**Frage**				
Gesamtbeurteilung					
1	In welchem Grad sind die Beratungsziele erreicht worden?				
2	Haben die Ergebnisse Ihren Erwartungen entsprochen?				
3	Sind Sie mit dem Nutzen der gesamten Beratungsdienstleistung zufrieden?				
Fortschritt					
4	Haben die Präsentationen Ihren Bedürfnissen entsprochen?				
5	Haben die Berater ihr Budgetvolumen eingehalten?				
6	Ist das Budgetprojekt gemäss Plan beendet worden?				
Qualität					
7	Inwieweit sind die Berater auf Ihre Bedürfnisse eingegangen?				
8	Sind Sie mit dem Preis-/Leistungs-Verhältnis der Berater zufrieden?				
9	Würden Sie die Berater weiterempfehlen?				

A3.2 Image

Image					
Nr.	**Frage**	**1**	**2**	**3**	**4**
Know-how					
1	Wie beurteilen Sie das Ihrer Meinung nach vorhandene Know-how im Vergleich zum stärksten Konkurrenten? (1) wir haben wesentlich mehr Know-how (2) wir haben mehr Know-how (3) die Konkurrenz hat mehr Know-how (4) die Konkurrenz hat wesentlich mehr Know-how				
Kosten					
2	Wie beurteilen Sie die Kosten des Prozesses "Beratung" im Vergleich zum stärksten Konkurrenten? (1) die Konkurrenz hat wesentlich mehr Kosten als wir (2) die Konkurrenz hat mehr Kosten als wir (3) wir haben mehr Kosten als die Konkurrenz (4) wir haben wesentlich mehr Kosten als die Konkurrenz				
3	Wie beurteilen Sie unsere Budgeteinhaltung? Wie gut haben wir im Vergleich zur Konkurrenz unsere Kosten im Griff? (1) sehr gut (2) gut (3) mässig (4) schlecht				
Qualität					
4	Wie beurteilen Sie die formale Qualität unserer Leistungen (Dokumentation, Präsentation, Berichte) im Vergleich zur Konkurrenz? (1) wesentlich besser als die Konkurrenz (2) besser als die Konkurrenz (3) die Konkurrenz ist besser als wir (4) die Konkurrenz ist wesentlich besser als wir				
Zeit					
5	Wie beurteilen Sie unsere Termintreue? (1) wesentlich besser als die Konkurrenz (2) besser als die Konkurrenz (3) die Konkurrenz ist besser als wir (4) die Konkurrenz ist wesentlich besser als wir				

A3.3   Beraterleistung

Beraterleistung					
Nr.	**Frage**	**1**	**2**	**3**	**4**
Wirtschaftlicher Beitrag					
1	Beurteilen Sie die Anzahl weiterberechenbarer Stunden des Beraters				
Besondere Leistungen					
2	Beurteilen Sie die Kundenorientierung des Beraters				
3	Beurteilen Sie die Fachkenntnisse und die Arbeit des Beraters				
4	Beurteilen Sie das analytische Denk- und Urteilsvermögen des Beraters				
5	Beurteilen Sie die Arbeitsorganisation und das Selbstmanagement des Beraters				
6	Beurteilen Sie die Dokumentation und Berichterstattung des Beraters				
7	Beurteilen Sie die Kenntnisse und Nutzung der IT durch den Berater				
8	Wie beuteilen Sie die kommunikativen Fähigkeiten des Beraters				
9	Wie beurteilen Sie die Kreativität und Innovationsfähigkeit des Beraters				
10	Beurteilen Sie das Verhalten des Beraters unter Beanspruchung				
11	Beurteilen Sie die Team- und Führungsfähigkeit des Beraters				

A4   Prozess Betrieb

A4.1   Auftraggeberzufriedenheit

Auftraggeberzufriedenheit					
Nr.	Frage	1	2	3	4
Generelle Beurteilung					
1	Wie beurteilen Sie den laufenden Informatikbetrieb in Ihrem Hause?				
2	Haben Sie Vertrauen in die laufenden Systeme?				
3	Haben Sie Vertrauen in die Informatikmitarbeiter, die für die Aufrechterhaltung des Betriebs verantwortlich sind?				
4	Sind Sie der Meinung, dass Engpässe in der Verarbeitungsgeschwindigkeit und -kapazität Sie und Ihre Abteilung bei der Zielerreichung behindern?				
Betrieb i.e.S.					
5	Sind Sie der Meinung, dass die Leistungen des Prozesses "Betrieb" kostengünstig erbracht werden?				
6	Sind die von Ihrer Abteilung verwendeten Systeme stabil und zuverlässig?				
7	Sind Sie der Ansicht, dass dem Bereich "Informatik-Sicherheit" (z. B. Zugriffsschutz, Datensicherungen) genügend Aufmerksamkeit geschenkt wird?				
8	Entspricht das Zeitverhalten der Systeme in Ihrer Abteilung Ihren Erfordernissen?				

A4.2 Help-Desk Beurteilung

Help-Desk Beurteilung					
Nr.	Frage	1	2	3	4
1	Wie beurteilen Sie den Wissensstand der Help-Desk Mitarbeiter?				
2	Sind die Help-Desk Mitarbeiter immer freundlich und korrekt am Telefon?				
3	Haben Sie Vertrauen in die Problemlösungsfähigkeiten der Help-Desk Mitarbeiter?				
4	Haben Sie Schwierigkeiten mit der Erreichbarkeit des Help-Desks?				
5	Sind Sie mit der Geschwindigkeit der Problemlösung direkt am Telefon und bei der Weiterleitung an einen Spezialisten zufrieden?				
6	Erfüllen die Help-Desk Mitarbeiter die Ihnen gegenüber abgegebenen terminlichen Versprechnungen?				
7	Werden Sie regelmässig über den Stand der von Ihnen gestellten und nicht sofort beantworteten Fragen informiert?				
8	Werden Sie rechtzeitig über geplante Unterbrechungen des Systembetriebs informiert?				
9	Werden Sie rechtzeitig über Veränderungen im Systembetrieb (z. B. neue Software Releases, neue Systeme etc.) informiert?				
10	Können Sie durch die Unterstützung des Help-Desks Ihre Ziele besser erreichen?				

A4.3 Sicherheitsmanagement

Sicherheitsmanagement				(1/2)
Nr.	**Frage**	**1**	**2**	**3**	**4**
Aktuelle Risikosituation					
1	Wie beurteilen Sie die Informationssicherheit (ISi) in Ihrer Firma?				
Management und Organisation der ISi					
2	Welchen Stellenwert hat die ISi für die Führung der Informatik?				
3	Gibt es einen zentralen ISi-Beauftragten?				
ISi-Strategie und -Konzept					
4	Gibt es eine Strategie für die ISi, die Ziele und Leitlinien umfasst?				
5	Sind die ISi-Aspekte integraler Bestandteil der Überlegungen im Rahmen der Einsatzprüfung und Entwicklung von Systemen?				
6	Überprüfen Sie die Eignung und Einhaltung der ISi-Strategie?				
Personelle Aspekte					
7	Ist die ISi Gegenstand von Veranstaltungen oder Schulungen?				
Methoden und Instrumente					
8	Bewerten und klassieren Sie die Anwendungen hinsichtlich ihrer Bedeutung für die Aufgabenerfüllung sowie die vorhandenen Risiken?				

Sicherheitsmanagement				(2/2)			
Nr.	**Frage**			**1**	**2**	**3**	**4**
ISi-Massnahmen							
	Welche ISi-Massnahmen sind realisiert:						
9	• Funktionstrennung?						
10	• Systemnutzung nach Identifikation und Authentisierung?						
11	• Zugriffsrechte?						
12	• Verschlüsselung?						
13	• Protokollierung?						
14	• Löschen von Datenträgern?						
15	• Datensicherung?						
16	• Auslagerung von Sicherheitskopien?						
17	• Gibt es einen zentralen ISi-Beauftragten?						
	Gibt es detaillierte Pläne für die folgenden Situationen/Notfälle?						
18	• System-/Programmabstürze?						
19	• Hardware-Ausfälle?						
20	• Datenverluste?						
21	• Verdacht auf Viren?						
22	• Verdacht auf Manipulation?						
23	• Grössere Katastrophen (Wasser, Feuer, Erdbeben)?						
24	Haben Sie im Bereich ISi Versicherungen abgeschlossen?						

A5 Prozess HW-/SW-Management

A5.1 Auftraggeberzufriedenheit

Auftraggeberzufriedenheit				
Nr.	**Frage**	**1**	**2**	**3**	**4**
Architektur- und Migrationsplanung					
1	Sind Sie der Ansicht, dass die drei Architekturen (Daten-, Netz- und Hardware-Architektur) geeignet sind, die von den Fachbereichen geforderten Applikationen zu tragen?				
2	Sind Sie der Ansicht, dass die drei oben erwähnten Architekturen den Möglichkeiten der Informatik (personell, finanziell) entsprechen?				
3	Sind die vorhandenen Skills im Bereich HW-/SW-Management ausreichend, um die zukünftigen Architekturen umzusetzen?				
4	Ist die Informatik in der Lage, neben der Migration einen störungsfreien Betrieb aufrechtzuerhalten?				
5	Sind Sie der Ansicht, dass die Komplexität jetzt schon an der Grenze des Machbaren liegt und eine neue Infrastuktur wesentlich weniger komplex sein muss?				
Beschaffung und Installation					
6	Sind Sie der Ansicht, dass die Aufgaben Beschaffung und Installation schnell, kostengünstig und qualitativ hochstehend erledigt werden?				
7	Sind Sie der Meinung, dass zuviel Neues zur Infrastuktur hinzugefügt wird und man eher mit der bestehenden Infrastruktur arbeiten sollte?				

A5.2 Benutzerzufriedenheit

Benutzerzufriedenheit				
Nr.	**Frage**		**2**	**3**	**4**
Konzeption					
1	Sind Sie der Ansicht, dass der jetztigen Beschaffung und Installation ein ordentliches Konzept zugrunde liegt?				
2	Sind Sie der Ansicht, dass die für Beschaffung und Installation verantwortlichen Stellen die Qualität in genügendem Masse berücksichtigen?				
3	Sind Sie der Ansicht, dass die für Beschaffung und Installation verantwortlichen Stellen die Ökologie in genügendem Masse berücksichtigen?				
4	Sind Sie der Ansicht, dass die für Beschaffung und Installation verantwortlichen Stellen die Ergonomie in genügendem Masse berücksichtigen?				
5	Sind Sie der Ansicht, dass die für Beschaffung und Installation verantwortlichen Stellen die Kosten in genügendem Masse berücksichtigen?				
Beschaffung und Installation					
6	Sind Sie mit der Beschaffung und Installation bezüglich der benötigten Zeit vom Antrag bis zur Installation zufrieden?				
7	Sind Sie mit den Leistungsmerkmalen (Funktionalität, Kapazität, Zuverlässigkeit) der beschafften und installierten Hard- und Software zufrieden?				
8	Sind Sie mit den für Beschaffung und Installation verrechneten Kosten einverstanden?				
9	Sind Sie der Ansicht, dass Sie die Einarbeitungszeit in neue Software-Produkte dadurch minimal halten können, indem sich Ihre Firma an bestimmte Software-Linien hält (z.B. nur Lotus für Tabellenkalkulation und nur Microsoft für Textverarbeitung)?				
10	Ist das neue System vor der Übergabe an den Benutzer in genügendem Masse getestet worden?				

A6   Prozess Skill-Management

A6.1   Auftraggeberzufriedenheit

Auftraggeberzufriedenheit				
Nr.	**Frage**	**1**	**2**	**3**	**4**
Know-how					
1	Sind Sie der generellen Meinung, dass die ausgeschriebenen Stellen und die Skills, die die Bewerber mitbringen, miteinander korrespondieren?				
2	Werden die Skill-Anforderungen für Ihren Bereich für die Zukunft prognostiziert, mit den heute vorhandenen Skills verglichen und daraus Massnahmen (z. B. Schulung, Job-Rotation) abgeleitet?				
3	Sind Pläne für den Fall vorhanden, dass der wichtigste Know-how-Träger in Ihrem Bereich ausfällt (beispielsweise durch Unfall, Krankheit oder Kündigung)?				
Zeit					
4	Sind die letzten für Ihren Bereich ausgeschriebenen Stellen zum erwünschten Zeitpunkt besetzt worden?				
Anzahl					
5	Ist die Anzahl Mitarbeiter in Ihrer Abteilung geeignet, um die anfallenden Arbeiten zu erledigen?				
Personal-Entwicklung					
6	Wurde für alle Ihnen direkt unterstellten Mitarbeiter pro Jahr ein Mitarbeiter-Gespräch von mindestens einer Stunde Dauer geführt?				
7	Werden die Tätigkeiten der Mitarbeiter zu Jahresbeginn innerhalb einer Zielvereinbarung zwischen dem Vorgesetzten und dem Mitarbeiter geplant?				

A6.2   Mitarbeiterzufriedenheit

Mitarbeiterzufriedenheit					
Nr.	Frage	1	2	3	4
1	Sind Sie mit Ihren Anstellungsbedingungen zufrieden (Salär, Sozialleistungen, Arbeitsplatzsicherheit, Arbeitsplatzgestaltung)?				
2	Die einen möchten immer dasselbe machen, andere möchten keine Karriere machen, sich aber in der Tätigkeit weiterentwickeln und wiederum andere möchten hierarchisch Karriere machen. Sind Sie persönlich mit Ihren Entwicklungsmöglichkeiten gemäss Ihren Wünschen zufrieden?				
3	Sind Sie mit Ihren momentanen Aufgaben zufrieden?				
4	Sind Sie mit den Ihnen gewährten Freiräumen zufrieden?				
5	Sind Sie mit der Ihnen zur Verfügung stehenden technischen Infrastruktur zufrieden?				
6	Sind Sie mit dem Betriebsklima zufrieden?				
7	Sind Sie mit Ihrer Führung und dem herrschenden Führungsstil zufrieden?				
8	Sind Sie mit den Ihenen gebotenen Weiterbildungsmöglichkeiten zufrieden?				

A7   Prozess Technologie-Management

A7.1   Auftraggeberzufriedenheit

Effektivität des Technologie-Managements					
Nr.	Frage	1	2	3	4
Leistungen					
1	Sind Sie mit Breite und Tiefe der angebotenen Leistungen des Technologie-Managements zufrieden?				
2	Werden Ihre Fragen bezüglich Technologie-Management rasch und kompetent beantwortet?				
3	Sind Sie der Meinung, dass das Technologie-Management die nötige Durchsetzungskraft hat, um technologische Richtlinien zu erlassen?				
Leistungserstellung					
4	Sind Sie mit der generellen Vorgehensweise des Technologie-Managements (z. B. Pilot-Versuchen) einverstanden?				

A7.2 Risikoaudit

Risikoaudit					(1/3)

Nr.	Frage	1	2	3	4
Technologie					
1	Über wieviele Jahre Erfahrung verfügen Sie in der Anwendung des gewählten technologischen Ansatzes? (1) mehr als 3 Jahre (2) zwischen 2 und 3 Jahren (3) zwischen 1 und 2 Jahren (4) weniger als 1 Jahr				
2	Über welche Art von Erfahrung verfügen Sie in der Anwendung des gewählten technologischen Ansatzes? (1) Produktiver Einsatz (2) Benutzertests (3) Prototypstadium (4) Analysestadium				
3	Welches ist die Quelle für die innovativen Aspekte Ihres Vorhabens? (1) Kunden (2) Konkurrenten (3) Ihr Unternehmen (4) Technische Literatur				
4	Was versprechen Sie sich vom technologischen Vorhaben? (1) Eine moderate Zunahme (2) Eine substantielle Zunahme (3) Eine Veränderung des primären Leistungsfokus (4) Eine 10-fache Verbesserung				
Markt					
5	Der Markt ist (1) ein potentieller, noch nicht bearbeiteter Markt (2) gekennzeichnet durch sehr stark differenzierte Marktteilnehmer (3) gekennzeichnet durch differenzierte Marktteilnehmer (4) gekennzeichnet durch die fehlende Möglichkeit, sich zu differenzieren				
6	Wer bestimmt den Markt? (1) Kunden (2) Benutzer mit wenig Produzentenbeeinflussung (3) Produzenten mit wenig Benutzerbeeinflussung (4) Produzenten				
7	Das Projektrisiko in bezug auf den Markt beruht auf der Tatsache, (1) dass das Produkt verkauft und gewartet wurde (2) dass das Produkt durch andere schon verkauft wurde (3) dass das Produkt von anderen schon verkauft wurde (4) dass das Produkt noch nie in diesem Markt verkauft wurde				
8	Was bezweckt Ihre Firma mit dem Projekt? (1) zur Konkurrenz aufzuschliessen (2) mit der Konkurrenz mitzuhalten (3) die Leistungsfähigkeit zu verbessern (4) die Konkurrenz zu überholen				

Risikoaudit (2/3)

Nr.	Frage	1	2	3	4
Organisation					
9	Wie gut passt das Projekt zu den Zielsetzungen der Organisation? (1) gar nicht (2) gut, stellt dabei eine wichtige Neuerung dar (3) gut, stellt dabei eine kleine Neuerung dar (4) gut, unterstützt dabei die Ziele der Organisation				
10	Von wem stammt die Projektidee ? (1) von einer systematisch abgeleiteten Entwicklungsstrategie (2) von einem Team von Technikern und Marketingspezialisten (3) von einem Team von Technikern (4) von einem einzelnen				
11	Wie wird die laterale Kommunikation in Ihrem Unternehmen unterstützt? (1) alle aufgeführten Varianten (2) durch regelmässige Sitzungen (3) durch informelle Sitzungen (4) durch formale Memos				
12	Das technologische Vorhaben bedingt (1) keine Veränderungen an den Geschäftsprozessen (2) geringe Veränderungen an den Geschäftsprozessen (3) grosse Veränderungen an den Geschäftsprozessen (4) radikale Veränderung an den Geschäftsprozessen				
Umwelt					
13	Die Umwelt (1) ist nicht sehr dynamisch und dadurch sehr berechenbar (2) unterliegt einer regelmässigen Veränderung (3) ist dynamisch und sehr unberechenbar (4) unterliegt grossen Veränderungen der Produkte und Anbieter				
14	Die gesetzlichen Bestimmungen sind (1) wenig einschränkend (2) klar und deutlich (3) komplex aber verständlich (4) sehr komplex und einschränkend				
15	Das technologische Fundament der gesamten Branche (1) verändert sich sehr langsam (2) verändert sich stetig (3) verändert sich sehr schnell und stetig (4) verändert sich sehr schnell und unregelmässig				
16	Das Unternehmen bezieht Produkte und DL von Lieferanten, die (1) stark standardisiert sind (2) mit hoher Wertschöpfung entstanden sind (3) spezialisiert sind (4) mit den eigenen Produkten hoch integriert sind				

Risikoaudit					(3/3)

Nr.	Frage	1	2	3	4
Branchenstruktur					
17	Konkurrenzprodukte, welche mittels anderer Technologien oder durch andere Branchen erstellt werden, (1) sind in mittelfristiger Zukunft nicht zu erwarten (2) treten nur sehr selten auf (3) treten häufig auf (4) dringen schnell in Ihre Branche ein				
18	Die Branche ist in einem Wandel, (1) wird aber nicht durch technologische Fragen bestimmt (2) vertieft deshalb die technologische Kompetenz (3) verbreitert deshalb die technologische Kompetenz (4) sucht deshalb neue technologischen Kompetenzen				
19	Die Branche hat (1) wenig Teilnehmer (2) mittelmässig viele Teilnehmer (3) viele Teilnehmer und gemeinsame Strategien (4) viele Teilnehmer und unterschiedliche Strategien				
20	Die Produkte und Dienstleistungen Ihrer Firma sind (1) unabhängig (2) Teil einer synergetischen Innovation (3) integriert in einer System-Innovation (4) hoch integriert in einer System-Innovation				

A8   Prozess Führung

A8.1   Planungs- und Budgetierungseffektivität

Auftraggeberzufriedenheit				
Nr.	**Frage**	**1**	**2**	**3**	**4**
Systematik					
1	Wie sind Sie mit dem vorgegebenen Vorgehen bei der Planung und Budgetierung zufrieden?				
2	Sind Sie mit der Gesamtkoordination der Planung und Budgetierung zufrieden?				
3	Wie sind Sie mit den Zeitverhältnissen bei der Planung und Budgetierung zufrieden? (Wird zu früh im Jahr angefangen? Haben Sie genügend Zeit?)				
4	Sind Sie mit dem Vorgang der Planungsabstimmung unter den verschiedenen Bereichen zufrieden?				
Inputs					
5	Erhalten Sie die für die Planung und Budgetierung notwendigen Inputs von Ihren Mitarbeitern zum richtigen Zeitpunkt?				
6	Sind Sie mit den Ihnen auferlegten inhaltlichen Vorgaben für die Planung und Budgetierung zufrieden? Erhalten Sie die Vorgaben rechtzeitig und ausreichend erklärt?				
7	Erhalten Sie die Planungs- und Budgetierungsinputs von Ihren Kollegen zeitgerecht und in der richtigen Qualität?				
Outputs					
8	Liegen die Planungs- und Budgetierungsergebnisse (Pläne, usw.) in einer Form und Qualität vor, die Sie direkt weiter verwenden können?				
9	Sind Sie mit den Ihnen auferlegten inhaltlichen Vorgaben für die Planung und Budgetierung zufrieden? Erhalten Sie die Vorgaben rechtzeitig und ausreichend erklärt.				
10	Erhalten Sie Planungs- und Budgetierungsinputs von Ihren Kollegen zeitgerecht und in der richtigen Qualität?				

A8.2 Planungsprozess

Planungsprozess					

Nr.	Frage	1	2	3	4
Planung					
1	Sind die Pläne in eine rollende Planung eingebunden?				
2	Werden die Pläne in der Informatik zur gleichen Zeit erstellt wie in den anderen Bereichen?				
3	Werden die Pläne nach Abschluss des Zielzeitraums auf ihre Genauigkeit hin überprüft?				
Projektanträge					
4	Verfügen Sie über eine Stelle, welche die gesamten Projektanträge sammelt, auf ihre Vollständigkeit und auf ihre Korrektheit prüft?				
5	Verfügen Sie über einen Mechanismus, der die kleineren Änderungen (z.B. solche, die weniger als 2 Personenmonate in Anspruch nehmen) in ein separates Änderungsmanagement überführt?				
6	Wird eine Machbarkeitsstudie für alle potentiellen Projekte vor der Projektauswahl durchgeführt?				
7	Sind folgende Elemente in der Machbarkeitsstudie reglementarisch festgelegt: Druchführbarkeit des Projekts, Wirtschaftlichkeit, Zeitrahmen und Projektrisiko?				
8	Beurteilen Sie die Rangfolge der Projekte anhand ihres Beitrags zur Unternehmensstrategie bzw. zu den Unternehmenszielen?				
9	Haben Sie die betriebliche Reihenfolge, d.h. die Zusammenhänge zwischen den Projekten und dem bestehenden Informationssystem, berücksichtigt?				
Budgetierung					
10	Werden die Jahresbudgets in einem vernünftigen Zeitraum erstellt?				

A8.3   Checkfragen pro Plan

Checkfragen pro Plan					
Nr.	**Frage**	**1**	**2**	**3**	**4**
1	Sind alle Vorgaben und Leitlinien des Planungsprozesses eingehalten worden?				
2	Sind die Ergebnisse der Planung (Vision, IS-Konzept, IS-Entwicklungsplan, Budget) konsistent, verständlich, vollständig und genau?				
3	Sind alle von der Planung Betroffenen auch daran beteiligt gewesen?				
4	Sind die Ergebnisse der Planung mit den Plänen der anderen Bereiche koordiniert worden?				
5	Sind die Verantwortlichkeiten für die Planumsetzung klar definiert?				
6	Sind die Termine und Meilensteine für die Planumsetzung klar definiert?				
7	Ist die für die Umsetzung des IS-Entwicklungsplans erforderliche Technologie reif und stabil?				
8	Sind die für die Umsetzung des IS-Entwicklungsplans erforderlichen Mitarbeiter mit den benötigten Skills vorhanden?				
9	Werden die entwickelten Pläne periodisch geprüft und überarbeitet?				
10	Unterstützen die vorhandenen Leitlinien die Umsetzung?				
11	Sind die entwickelten Ziele genau definiert?				
12	Haben Sie das optimale Verhältnis zwischen zuviel planen und zuwenig planen gefunden?				

A8.4 Planungsflexibilität

Planungsflexibilität					
Nr.	**Frage**	**1**	**2**	**3**	**4**
Felder / Ebenen / Arten der Flexibilität					
1	Haben Sie während der Planung die 5 möglichen Felder der Flexibilisierung (in den Bereichen Kultur, Organisation, Menschen, Ressourcen und Umfeldbeziehungen) berücksichtigt?				
2	Haben Sie während der Planung die 5 möglichen organisatorischen Ebenen der Flexibilisierung (auf den Stufen Informatik, Prozess, Bereich, Arbeitsgruppe und Individuum) berücksichtigt?				
3	Haben Sie während der Planung die Flexibilität gegenüber den drei Arten der Veränderung (aktuelle, vorhersehbare zukünftige und noch unbekannte, aber potentiell relevante Veränderungen) gebührend berücksichtigt?				
Instrumente					
4	Verwenden Sie im Feld Kultur flexibles Kulturmanagement und Flexibilisierungsleitbilder?				
5	Verwenden Sie im Feld Organisation flexible Makroorganisationen, flexible Koppelungsbeziehungen und flexible Arbeisorganisationen?				
6	Verwenden Sie im Feld Menschen Job Rotation, Abrbeitszeitflexibilisierung, Breitbandqualifikation und flexible Anreizsysteme?				
7	Verwenden Sie im Feld Ressourcen eine flexible Ressourcenbeschaffung und -verteilung und eine flexible Infrastruktur?				
8	Verwenden Sie im Feld Umfeld flexible Marktstrategien, flexible Interessenausgleichsstrategien, flexible Kontakte und eine flexible Personalumfeldgestaltung?				

A8.5   Verrechnungseffektivität

Verrechnungseffektivität					
Nr.	**Frage**	**1**	**2**	**3**	**4**
Verständlichkeit					
1	Sind Sie der Meinung, dass die Leistungsverrechnung der Informatik zu einem sorgfältigeren und sparsameren Umgang mit der Informatik führt?				
2	Sind die bei der Verrechnung verwendeten Einheiten verständlich und klar und können Sie die Grössen zu den in Ihrer Abteilung erledigten Arbeiten in Beziehung setzen?				
Abschätzbarkeit					
3	Sind die Komponenten der Verrechnung (Preis und Menge) klar und eindeutig, so dass Sie der kostenmässigen Konsequenzen einer Entscheidung bewusst sind, bevor Sie eine Informaik-Leistung beziehen?				
4	Sind die Preise der Informatik-Leistungen veröffentlicht und aktuell?				
5	Sind die anfallenden Mengen der in der nächsten Periode zu beziehenden Informatik-Leistungen abschätzbar?				
Gerechtheit					
6	Sind Sie der Meinung, dass Ihre Abteilung gerecht, d.h. entsprechend der von der Informatik bezogenen Leistungen, belastet wird?				
7	Sind Sie der Meinung, dass die indirekten Kosten der Informatik, d.h. nicht einem Leistungsbezug direkt zurechnbar, gerecht verteilt werden?				

A8.6 Verrechnungsqualität

Verrechnungsqualität					
Nr.	**Frage**	**1**	**2**	**3**	**4**
Verrechungspreise					
1	Werden die Verrechnungspreise für alle Leistungen der Informatik ein Jahr im voraus festgelegt und veröffentlicht?				
2	Um wieviel Prozent übersteigen Ihre Verrechnungspreise die marktüblichen Preise ? (1 = weniger als marktüblich, 2 = marktüblich, 3= weniger als 20%, 4 = mehr als 20%)				
Mengengerüst					
3	Wieviel Prozent der anfallenden Leistungen werden automatisch, d. h. elektronisch erfasst und verrechnet?				
4	Wieviel Prozent der erbrachten Leistungen werden mit Hilfe von Umlagen weiterverrechnet ? (1 = keine, 2 = 1-25, 3 = 26-50, 4 = > 50)				
5	Sind die anfallenden Mengen der in der nächhsten Periode zu beziehenden Informatik-Leistungen abschätzbar?				
Beeinflussbarkeit					
6	Sind Sie mit Hilfe der Verrechnungspreise in der Lage, die Nachfrage nach Informatik-Leistungen zu beeinflussen?				
7	Ist das Verrechnungssystem gerecht für alle Benutzer?				

A8.7   Controllingeffektivität

Controllingeffektivität					
Nr.	**Frage**	**1**	**2**	**3**	**4**
Inhalt					
1	Sind Sie mit den abgegebenen Informationen bezüglich Inhalt zufrieden?				
2	Sind die abgegebenen Informationen stufengerecht?				
3	Kann Ihnen das Controlling alle gewünschten Daten liefern?				
Zeit					
4	Sind Sie mit den Reaktions- und Lieferzeiten des Controllings zufrieden?				
Nutzen					
5	Konnte das Controlling im Laufe der Zeit neue Erkenntnisse erarbeiten?				
6	Haben Sie durch das Controlling weniger Papier erhalten?				
7	Konnten Sie Ihre Vorbereitungszeit verkürzen?				
8	Wie hoch schätzen Sie den Nutzen, den Sie durch Einsatz von Controlling-Informationen oder Methoden erzielt haben?				
9	Könnten Sie ohne die Leistungen des Controllings auskommen?				

A8.8 Controllingqualität

Nr.	Frage	1	2	3	4
	Controllingqualität				
1	Ist ein Projekt-Controlling institutionalisiert?				
2	Ist ein Applikations-Controlling institutionalisiert?				
3	Wird regelmässig ein Projektportfolio-Controlling durchgeführt?				
4	Werden die verwendeten Ressourcen und die Infrastruktur regelmässig einer Controlling-Überprüfung unterzogen?				
5	Wird die Informatik-Planung druch das Controlling auf die Strategiekonformität überprüft?				
6	Übernimmt das Controlling gewisse Koordinationsaufgaben, z.B. zwischen Projekten?				

A8.9   Effektivität des Leistungsausweises

Effektivität des Leistungsausweises				
Nr.	**Frage**	**1**	**2**	**3**	**4**
Inhalte					
1	Wie beurteilen Sie die finanziellen Informationen, die Sie von der Informatik erhalten?				
2	Wie beurteilen Sie die Informationen über die Informatik-Leistungen: sind sie aussagekräftig und für Sie verständlich?				
3	Sind Sie der Meinung, dass Sie genügend Informationen über die Risiken und Gefahren in der Informatik erhalten?				
Form					
4	Wie beurteilen Sie die Darstellungsart der Information über die Informatik?				
Zeit					
5	Wie beurteilen Sie die Periodizität der Informationen über die Informatik?				

Literaturverzeichnis

[Allen]
   Allen, B.: Make information services pay its way, in: Harvard Business Review, January-February 1987, S. 57-63.

[Althaus]
   Althaus, S.: Unternehmensberatung - Gestaltungsvorschläge zur Steigerung der Effizienz des Beratungsprozesses, Dissertation an der Universität St. Gallen, Rosch-Buch, Hallstadt, 1994.

[Bleicher 1990]
   Bleicher, F.: Effiziente Forschung und Entwicklung: personelle, organisatorische und führungstechnische Instrumente, Deutscher Universitätsverlag, Wiesbaden, 1990.

[Bleicher 1991]
   Bleicher, K.: Das Konzept Integriertes Management, Campus Verlag, Frankfurt, 1991.

[Boemle]
   Boemle, M.: Unternehmensfinanzierung, Verlag des Schweizerischen Kaufmännischen Verbandes, 6. Auflage, Zürich, 1983.

[Brecht]
   Brecht, L.: Management von Leistungsprozessen, internes Arbeitspapier des Instituts für Wirtschaftsinformatik an der Universität St. Gallen, St. Gallen, 1994.

[Bremicker]
   Bremicker, H.: ISO 9000: Druck vom Markt, in: Diebold Management Report, Nr. 1 1995, S. 15-18.

[Brogli et al.]
   Brogli, M./Brecht, L./Österle, H.: Prozesslandkarte und Prozessverzeichnis der Informatik, Arbeitsbericht IM2000/CC PRO/15, Institut für Wirtschaftsinformatik an der Universität St. Gallen, St. Gallen, 1994.

[Czegel]
   Czegel, B.: Running an Effective Help Desk: planning, implementing, marketing, automating, improving, outsourcing, John Wiley & Sons, Inc., New York, 1995.

[Earl/Vivian]
   Earl, M./Vivian, P.: The role of the Chief Information Officer, Egon Zehnder International, London, 1993.

[EIU]
   The Economist Intelligence Unit (Hrsg.): The new look of corporate performance measurement, The Economist Intelligence Unit, New York, 1994.

[EURASE]
   EURASE (Hrsg,): Effective and Efficient Information Systems, IMPACT, London, 1995.

[Faix et al.]
Faix, W./Buchwald, C./Wetzler, R.: Skill Management, Gabler Verlag, Wiesbaden, 1991.

[Fleischer/Patel]
Fleischer, M./Patel, S.: Improving data center productivity, in: The McKinsey Quarterly, Spring 1989, S. 85-103.

[Fürer]
Fürer, P.: Prozesse und EDV-Kostenverrechnung: Die prozessbasierte Verrechnungskonzeption für Bankrechenzentren, Dissertation an der Universität St. Gallen, St. Gallen, 1993.

[Gartner Group]
Gartner Group (Hrsg.): Gartner Group Briefing Documents: Decision Support Center, Gartner Group, Zürich, 1994.

[Goodman/Lawless]
Goodman, R./Lawless, M.: Technology and Strategy: conceptual models and diagostics, Oxford University Press, Oxford, 1994.

[Gutzwiller]
Gutzwiller, Th.: Das CC RIM Referenzmodell für den Entwurf von betrieblichen, transaktionsorientierten Informationssystemen, Physica-Verlag, Heidelberg, 1994.

[Harrington]
Harrington, H.J.: Business Process Improvement: The Breakthrough Strategy for Total Quality, Productivity and Competitiveness, McGraw-Hill, New York, 1991.

[Haufs]
Haufs, P.: DV-Controlling: Konzeption eines operativen Instrumentariums aus Budgets - Verrechnungspreisen - Kennzahlen, Physica-Verlag, Heidelberg, 1989.

[Hess/Brecht]
Hess, Th./Brecht, L.: State of the Art des Business Process Redesign, Darstellung und Vergleich bestehender Methoden, Gabler Verlag, Wiesbaden, 1995.

[Hofmann/Hlawacek]
Hofmann, W./Hlawacek, S.: Beratungsprozesse und -erfolge in mittelständischen Unternehmen, in: Hofmann (Hrsg.), Theorie und Praxis der Unternehmens-beratung: Bestandesaufnahme und Entwicklungsperspektiven, Phyica-Verlag, Heidelberg, 1991, S. 403-436.

[IMG]
Information Management Gesellschaft (Hrsg.), PROMET BPR - Methodenhand-buch für den Entwurf von Geschäftsprozessen, Version 1.5, St. Gallen und München, 1994.

[Johnson]
Johnson, J.: Creating Chaos, in: American Programmer, July 1995, S. 3-7.

[KES]
KES (Hrsg.): Sicherheitsstudie 1993/94: SecuMedia Verlags-GmbH, Ingelheim, 1994.

[Kienbaum/Meissner]
Kienbaum, G./Meissner, D.: Zur Problematik des Effizienznachweises von Beratung, in: BFuP, Nr. 2 1979, S. 109-116.

[Klimecki et al.]
   Klimecki, R./Probst, G./Gmür, M.: Die Orientierung: Flexibilisierungsmanagement, Schweizerische Volksbank, Bern, 1993.

[Kubr]
   Kubr, M.: Management Consulting: A Guide to the Profession, International Labor Office, Geneva, 1988.

[Martin/Leben]
   Martin, J./Leben, J.: Strategic Information Planning Methodologies, Prentice Hall, Englewood Cliffs, 1989.

[Mende]
   Mende, M.: Ein Führungssystem für Geschäftsprozesse, Dissertation an der Universität St. Gallen, Difo-Druck GmbH, Bamberg, 1995.

[Metzger et al.]
   Metzger, Ch.,/Dubs, R./Schmid, C.: Schulung im Unternehmen, Institut für Management und Kaderausbildung, IMAKA, Zürich, Band 2, Datum unbekannt.

[Moll]
   Moll, K.-R.: Informatik-Management, Springer Verlag, Berlin, 1994.

[NZZ]
   o.V.: EDV-Missstände rufen nach Konsequenzen, in: Neue Zürcher Zeitung, 25.8.1993, S. 43.

[Österle 1993]
   Österle, H.: Ein Modell für den Prozessentwurf, Arbeitsbericht IM2000/CC PRO/8, Institut für Wirtschaftsinformatik an der Universität St. Gallen, St. Gallen, 1993.

[Österle 1995]
   Österle, H.: Business Engineering, Prozess und Systementwicklung, Band 1: Entwurfstechniken, Springer, Berlin, 1995.

[Papmehl]
   Papmehl, A.: Personal-Controlling: Human-Ressourcen effektiv entwickeln, Sauer-Verlag, Heidelberg, 1990.

[Pinder/McAdam]
   Pinder, M./McAdam, S.: Be Your Own Management Consultant, Pitman Publishing, London, 1994.

[Pfeiffer et al.]
   Pfeiffer, W./Metze, G./Schneider, W./Amler, R.: Technologie Portfolio zum Management strategischer Zukunftsgeschäftsfelder, Vandenhoeck & Ruprecht, Göttingen, 1991.

[Pohl/Weck]
   Pohl, H./Weck, G.: Einführung in die Informationssicherheit, R. Oldenbourg Verlag, München, 1993.

[Reifer]
   Reifer, D.: The Planning Hierarchy, in: D. Reifer (Hrsg.), Software Management, 4. Auflage, IEEE Computer Society Press, Washington, 1994, S. 182-186.

[Rockart]
Rockart, J.F.: The Changing Role of the Information Systems Executive. A Critical Success Factors Perspective, in: Sloan Management Review, Fall 1982, S. 3-13.

[Saxer]
Saxer, R.: Monitoring des Informationssystems - ein Instrument zur Organisationsanalyse, Dissertation an der Universität St. Gallen, Buchdruckerei Leo Fürer AG, St. Gallen, 1993.

[Schaumüller-Bichl]
Schaumüller-Bichl, I.: Sicherheitsmanagement: Risikobewältigung in informationstechnologischen Systemen, BI-Wiss.-Verlag, Mannheim, 1992.

[Senn]
Senn, J.: The Emergence of Componentware: an Alternative to Crafting IT, in: SIM Network, Nr. 5 1994, S. 5-6.

[Specht]
Specht, G.: Institutionalisierung eines Technologiemanagements, in: Zahn (Hrsg.), Handbuch Technologiemanagement, Schäffer-Poeschel Verlag, Stuttgart, 1995, S. 491-520.

[Steinbock]
Steinbock, H.J.: Unternehmerische Potentiale der Informationstechnik in den neunziger Jahren, Dissertation an der Universität St. Gallen, Rosch-Buch, Hallstadt, 1993.

[Strassmann]
Strassmann, P.: The Business Value of Computers, The Information Economics Press, 1990.

[Suter]
Suter, M.: Effektivität des Informatik-Controllings - Eine empirische Studie in grossen Unternehmen der Schweiz, Arbeitsbericht des Instituts für Informatik der Universität Zürich, Zürich, 1994.

[SVD/VDF]
SVD/VDF (Hrsg.): Berufe der Wirtschaftsinformatik in der Schweiz, Poeschel Verlag, Stuttgart, 1993.

[Tages Anzeiger]
o.V.: Cargo Domizil: Flop statt top, in: Tages Anzeiger, 23.5.1995, S. 35.

[UK]
Untersuchungskommission EDV des Gemeinderats von Zürich, Informatikeinsatz der Stadt Zürich, Stadtkanzlei Zürich, Zürich, 1993.

[Wunderer/Schlagenhaufer]
Wunderer, R./Schlagenhaufer, P.: Personal-Controlling: Funktionen - Instrumente - Praxisbeispiele, Schäffer-Poeschel Verlag, Stuttgart, 1994.

Index